高等职业教育计算机类系列教材

Java Web开发技术

主　编　金静梅
副主编　徐宇峰　练振兴
参　编　庾　佳　宿　玥　杨小天

机械工业出版社

本书是关于 Java Web 开发的入门教材。本书根据程序设计类课程的特点，结合"由浅入深，由简单到复杂，由操作到理论"的认知规律和"重操作，适度理论"的学习方法，采用"项目贯穿、任务驱动、阶段模块化"的教材开发理念，选取学生熟悉的、典型的企业化项目（网络留言板系统、新闻资讯系统、会议室预订系统、在线收藏夹等）作为教学和实训的载体，体现了"教、学、做"合一的编写思路。全书分为 Java Web 基础、Java Web 进阶和 Java Web 项目实战三个层次递进的学习阶段，主要内容包括 Java Web 编程准备、Java Web 编程入门、Java Web 数据库编程、Java Web 应用优化、Java Web 开发业务应用、Servlet 技术基础、MVC 开发模式等，详细介绍了使用 Java Web 技术进行应用开发的基础知识和编程技能。

本书寓价值观引导于知识传授和能力培养之中，融"教、学、训、育人"四者于一体，无缝对接"X"证书。本书讲解翔实，文字通俗易懂，全书图文并茂，资源丰富。本书可作为高职院校和培训机构的教材，也可供 Java Web 程序员和编程爱好者学习参考。

本书配有电子课件、微课视频、源代码等教学资源，凡选用本书作为授课教材的教师，可登录机械工业出版社教育服务网（www.cmpedu.com）免费注册下载，或联系编辑（010-88379197）咨询。

图书在版编目（CIP）数据

Java Web 开发技术 / 金静梅主编．－－ 北京：机械工业出版社，2024.10．－－（高等职业教育计算机类系列教材）．－－ ISBN 978-7-111-76509-7

Ⅰ．TP312

中国国家版本馆 CIP 数据核字第 2024PQ8561 号

机械工业出版社（北京市百万庄大街 22 号　邮政编码 100037）
策划编辑：徐梦然　　　　　责任编辑：徐梦然　侯　颖
责任校对：肖　琳　张　征　　封面设计：马精明
责任印制：郜　敏
中煤（北京）印务有限公司印刷
2024 年 12 月第 1 版第 1 次印刷
184mm×260mm・16.75 印张・393 千字
标准书号：ISBN 978-7-111-76509-7
定价：54.00 元

电话服务　　　　　　　　　网络服务
客服电话：010-88361066　　机　工　官　网：www.cmpbook.com
　　　　　010-88379833　　机　工　官　博：weibo.com/cmp1952
　　　　　010-68326294　　金　书　网：www.golden-book.com
封底无防伪标均为盗版　机工教育服务网：www.cmpedu.com

本书是一本校企合作的教材,同时也是一本"Java Web 轻松入门"的书。本书面向初、中级用户,按照阶段、模块、任务、同步实训的顺序由浅入深地指导读者运用 Java Web 技术开发应用系统。本书构思科学合理,语言表述清晰,既可作为高等职业院校计算机类专业的教材,也可作为培训机构相关课程的培训教材。

本书层次分明,语言通俗易懂,图文并茂,配以丰富的教学资源,侧重于基础知识与基本技能的培养,是一本融"教、学、训、育人"四者于一体的教材,具有以下 4 个特色。

(1)采用"项目贯穿、任务驱动、阶段模块化"的教材开发理念

按照"项目贯穿、任务驱动、阶段模块化"的教材开发理念,选取学生们熟悉的、典型的企业化项目(网络留言板系统、新闻资讯系统、在线收藏夹等)贯穿教材的始终。依据学生的学习规律,按照软件开发的实际过程,将教学内容设计为"Java Web 基础""Java Web 进阶"和"Java Web 项目实战"层次递进的 3 个阶段,每阶段划分为若干技能训练模块,再将模块依据功能设计成多个学生感兴趣的、融合知识点的任务。关键知识与能力在任务中互有重叠、不断递进与加强。"项目贯穿、任务驱动、阶段模块化"的教材开发理念可以增强学生的学习兴趣,强化学生的技能训练,循序渐进,在边学边练中促进学生操作技能的形成。

(2)紧扣教学规律,创新教材编写体例

本书编写团队由长期从事 Java Web 教学工作的一线教师和企业工程师构成,一线教师具有丰富的教学经验,企业工程师具有丰富的软件开发经验并精通 Java Web 实用技术。团队紧扣教师的教学规律和学生的学习规律,全力打造难易适中、结构合理、实用性强的教材。本书以任务作为基本教学单元,每个任务采取"问题引入—解决方法—知识链接—任务实施—同步实训任务单—任务小结"的编写形式。在每个模块进行之前给出模块的主要内容和学习导航,让学生了解本模块所要学习的知识点和技能点。每个模块都设计了习题,既可以让教师合理安排教学内容,又可以让学生加强实践,快速掌握模块知识。

(3)寓价值观引导于知识传授和能力培养之中,发挥课程育人作用

将党的二十大精神有机融入教材,积极引导学生了解国情、国家政策,增强民族自信;端正理想、信念、价值观;提升法治意识;提高道德修养,成为爱岗敬业、有担当、守正创新、勇于奋斗的时代新人。

（4）教学资源丰富，实现线上线下同步学习

本书配套资源丰富，可以通过扫描书中二维码进行在线微课学习；通过阅读小提示可以掌握技巧，拓展眼界；查看"课证融通"可以快速知晓职业技能等级标准。更多资源可以访问课程在线学习网站（https://mooc1-1.chaoxing.com/mooc-ans/course/201713410.html）。

本书编写分工如下：模块 1、模块 3、模块 5、模块 6、模块 8 由金静梅编写，模块 2、模块 7 由徐宇峰编写，模块 4、模块 9 由练振兴编写，模块 10 由庾佳、宿玥、杨小天编写，全书由金静梅统稿，郑广成老师审读全文并提出了修改意见。在本书编写过程中，还得到了苏州健雄职业技术学院、江苏兰之天软件技术有限公司的大力支持和帮助，在此表示衷心的感谢。

由于编者水平有限，书中难免有疏漏和不足之处，恳请读者批评指正。

编者

二维码索引

序号	名称	二维码	页码	序号	名称	二维码	页码
1	安装 JDK 并配置环境变量		9	11	实现页面跳转		54
2	安装 Tomcat		11	12	使用 Navicat 创建、修改、删除数据库		71
3	安装并配置 Eclipse		13	13	使用 Navicat 创建、删除和修改表		73
4	安装并配置 MySQL 数据库		15	14	使用 Navicat 操作表数据		75
5	JSP 的执行过程		26	15	使用 Navicat 导出数据库		76
6	部署并运行第一个 JSP 文件		28	16	使用 Navicat 导入数据库		77
7	认识 JSP 页面的组成元素		38	17	使用 insert 语句插入表数据		79
8	认识 JSP 的内置对象		44	18	使用 update 语句修改表数据		80
9	获取客户端表单数据		50	19	使用 delete 语句删除表数据		80
10	获取超链接传递的请求参数		52	20	使用 select 语句查询表数据		80

（续）

序号	名称	二维码	页码	序号	名称	二维码	页码
21	连接数据库的步骤		87	32	Servlet 创建及运行		160
22	使用 Statement 添加数据		93	33	使用 Filter 解决中文乱码问题		166
23	使用 Statement 删除数据		96	34	MVC 模式概述		175
24	使用 PreparedStatement 处理数据		104	35	MVC 模式的应用		177
25	认识软件设计分层架构		122	36	丝绸之路的前世今生		4
26	分层架构的应用		126	37	以开源开放的形式来集聚力量，实现"技术共建"，往往要比各自为战的效果更好		8
27	实现页面的分页显示		133	38	锲而不舍，金石可镂		34
28	SmartUpload 组件的使用		138	39	遵守《中华人民共和国数据安全法》		48
29	ECharts 常用组件		147	40	遵守《中华人民共和国网络安全法》		59
30	使用 ECharts 可视化数据库中数据		148	41	全面小康的"中国密码"		153
31	Servlet 概述		156				

前言

二维码索引

阶段 1　Java Web 基础

模块 1　Java Web 编程准备 2
　任务 1　进行网络留言板系统需求分析与总体设计 2
　任务 2　搭建开发环境 8
　任务 3　制作网络留言板系统静态页面 17
　任务 4　部署并运行第一个 JSP 文件 26
　小结 35
　习题 35

模块 2　Java Web 编程入门 37
　任务 1　认识 JSP 页面的组成元素 38
　任务 2　认识 JSP 的内置对象 44
　任务 3　使用 out 对象输出留言信息 46
　任务 4　获取客户端请求数据 48
　任务 5　实现网络留言板系统的页面跳转 54
　任务 6　实现网络留言板系统的访问控制 58
　任务 7　制作网站计数器 62
　小结 64
　习题 65

模块 3　Java Web 数据库编程 69
　任务 1　使用 MySQL 管理网络留言板系统数据 70
　任务 2　使用 SQL 操作网络留言板系统数据 78
　任务 3　认识 Java Web 开发中连接数据库的方法 87
　任务 4　使用 Statement 处理网络留言板系统数据 93
　任务 5　使用 PreparedStatement 高效处理数据 104
　小结 110
　习题 111

模块 4　Java Web 基础阶段实训 114
任务 1　实现 IT 新闻资讯系统 114
任务 2　实现会议室预订系统 116

阶段 2　Java Web 进阶

模块 5　Java Web 应用优化 122
任务 1　认识软件设计分层架构 122
任务 2　使用分层架构实现网络留言板系统的管理员登录 126
小结 131
习题 132

模块 6　Java Web 开发业务应用 133
任务 1　实现分页显示留言内容 133
任务 2　使用 SmartUpload 组件实现文件的上传和下载 138
任务 3　使用 ECharts 实现可视化数据 145
小结 154
习题 154

模块 7　Servlet 技术基础 156
任务 1　认识 Servlet 156
任务 2　创建并运行一个简单的 Servlet 160
任务 3　使用 Filter 解决中文乱码问题 166
小结 172
习题 173

模块 8　MVC 开发模式 174
任务 1　认识 MVC 开发模式 174
任务 2　使用 MVC 模式实现网络留言板系统的用户登录 177
小结 184
习题 184

模块 9　Java Web 进阶阶段实训 185
任务　实现在线收藏夹 185

阶段 3　Java Web 项目实战

模块 10　学生会网站项目开发 190
习题 255

参考文献 259

阶段 1　Java Web 基础

这是 Java Web 开发的基础阶段，此阶段贯穿项目"网络留言板系统"，主要由 Java Web 编程准备、Java Web 编程入门、Java Web 数据库编程、Java Web 基础阶段实训模块构成。在此阶段中，将依据软件开发过程介绍网络留言板系统的开发，将学习到搭建开发环境、在 Eclipse 环境中部署运行 Web 系统、使用 JSP 内置对象、连接 Java Web 数据库等实用技术。本阶段采用项目贯穿、模块化、任务驱动的方式组织学习内容。

- 阶段 1　Java Web 基础
  - 模块 1　Java Web 编程准备
    - 任务 1　进行网络留言板系统需求分析与总体设计
    - 任务 2　搭建开发环境
    - 任务 3　制作网络留言板系统静态页面
    - 任务 4　部署并运行第一个 JSP 文件
  - 模块 2　Java Web 编程入门
    - 任务 1　认识 JSP 页面的组成元素
    - 任务 2　认识 JSP 的内置对象
    - 任务 3　使用 out 对象输出留言信息
    - 任务 4　获取客户端请求数据
    - 任务 5　实现网络留言板系统的页面跳转
    - 任务 6　实现网络留言板系统的访问控制
    - 任务 7　制作网站计数器
  - 模块 3　Java Web 数据库编程
    - 任务 1　使用 MySQL 管理网络留言板系统数据
    - 任务 2　使用 SQL 操作网络留言板系统数据
    - 任务 3　认识 Java Web 开发中连接数据库的方法
    - 任务 4　使用 Statement 处理网络留言板系统数据
    - 任务 5　使用 PreparedStatement 高效处理数据
  - 模块 4　Java Web 基础阶段实训
    - 任务 1　实现 IT 新闻资讯系统
    - 任务 2　实现会议室预订系统

模块 1

Java Web 编程准备

模块简介

Java Web 开发技术是综合使用 JSP 和前端技术来开发包含动态内容的 Web 页面的技术，是一种纯 Java 平台的技术，主要用来产生动态网页内容。Java Web 开发技术能够让网页设计人员轻松地编写功能强大、富有弹性动态内容的 Web 系统，如网络留言管理系统等。那么，如何使用 Java Web 开发技术编写动态 Web 系统呢？通过本模块的学习，能够了解进行系统需求分析及总体设计的方法，学会搭建开发环境，实现部署并运行第一个 JSP 文件。

学习导航

任务 1 进行网络留言板系统需求分析与总体设计

问题引入

为了方便网站与来访者之间的联系和沟通，现在大多数网站都带有留言板系统。那么，这些留言板系统有哪些功能呢？

解决方法

在开始开发网络留言板系统之前，需要分析出系统需求，明确典型网络留言板系统的基本构成，并进行总体设计。

知识链接

一个软件开发项目的开发过程通常可以分为需求分析、系统设计、代码编写、软件测试和安装部署5个阶段。

需求分析阶段主要是在确定软件开发项目可行的情况下，对软件需要实现的每个功能进行详细分析。需求分析阶段是非常重要的阶段。如果这个阶段做得好，将为整个软件开发项目的成功奠定良好的基础。

系统设计阶段是根据需求分析的结果来设计整个软件系统。需要设计数据库的E-R图，并将E-R图转换为表，进行逻辑设计。

代码编写阶段是将系统设计的结果转换成计算机可运行的程序代码。在程序编码中，有必要制定统一的、符合标准的书写规范。系统功能是通过编码实现的。

软件代码编写完成后，必须进行严格的测试，以找出软件设计及编码过程中的问题并加以纠正。整个测试过程分为三步：单元测试、组装测试和系统测试。在测试过程中，需要建立详细的测试计划，并严格按照测试计划进行测试，以减少测试的随机性。

当程序最终确定并且没有关键问题时，工程师需要将软件安装部署到客户的计算机上，并对客户进行使用培训。此外，此阶段还包括所选组件的更新，以确保软件是最新的版本，并且不会受到安全漏洞的影响。

任务实施

一、网络留言板系统需求分析

QQ空间的留言板和微博的评论都是典型的网络留言板系统，如图1-1和图1-2所示，它们拥有共同的选项：留言者昵称、留言发布时间、留言内容等。完整的留言板至少需要面对两类用户：普通用户和管理者。在留言板系统中，对普通用户提供的服务有发表留言和查看留言等功能，对管理员提供的服务有留言管理等功能。

图 1-1 QQ 空间的留言板界面

图 1-2 微博评论界面

> 素养小课堂
>
> 丝绸之路的前世今生

网络留言板系统可分为前台留言模块和管理留言模块。

1. **前台留言模块**

前台留言模块主要针对普通用户，主要功能有：

1）发表留言：普通用户可以在留言管理系统中随意留言。

2）查看留言：可以浏览留言信息。

2. **管理留言模块**

管理留言模块的主要功能包括登录系统、重设密码、注销、管理留言等，具体如下：

1）登录系统：需要输入管理员账号与密码，系统将验证账号和密码是否正确，如果验证成功，则进入管理员界面，否则系统提示账号或密码错误。

2）重设密码：当忘记密码时，可以重新设置密码。

3）注销：退出系统。

4）管理留言：可以查看所有的留言，可以删除留言。

根据以上描述，系统的主要角色包括普通用户与管理员，各角色拥有的功能可通过用例图展示，网络留言板系统用例图如图1-3所示。

图1-3 网络留言板系统用例图

> **小提示**
>
> 用例图是由参与者（Actor）、用例（Use case），以及它们之间的关系构成的，是用于描述系统功能的视图。
>
> 参与者使用 参与者名称 表示，用例使用 用例名称 表示，关联关系使用 ——→ 表示，包含关系使用 ——《include》——→ 表示，扩展关系使用 ——《extend》——→ 表示，泛化关系使用 ————▷ 表示。

二、网络留言板系统总体设计

1. **系统功能模块设计**

（1）发表留言模块设计

模块功能：普通用户输入用户名和留言内容，提交留言。若留言成功即可在页面中显示留言信息；若留言失败，在页面中给出错误提示信息。

（2）查看留言模块设计

模块功能：分页显示所有用户的留言信息，包括留言内容、发表时间、发表者等。

（3）管理员登录模块设计

模块功能：

1）获取登录页面填写的用户名和密码。

2）按此用户名查询数据库，如果找到，则读取该用户的密码，否则提示错误。再比较用户输入的密码是否与数据库存储的密码相同，如果相同，则进入管理员留言管理页面，否则报错。

（4）重设密码模块设计

模块功能：

1）管理员输入用户名。

2）在校验该用户是合法用户后，允许管理员重新设置密码，否则转向输入用户名页面。

3）新密码设置成功后，管理员可以使用用户名和新密码进行登录，否则转向错误页面。

（5）删除留言模块设计

模块功能：通过单击每条留言信息中的"删除"超级链接，即可实现从数据库中删除本条留言。如果删除成功，返回留言显示页面，否则转向错误页面。

（6）注销模块设计

模块功能：实现清空用户登录数据并退出系统的功能。

2. 数据库设计

在企业信息化系统中，数据库占据十分重要的地位，它是系统正常运行的重要基础。因此，数据库设计是应用程序设计中关键的一项任务。一个良好的数据库设计可以：

节省数据的存储空间；

保证数据库的完整性；

方便进行数据库应用系统的开发。

数据库设计的主要目的是为了将现实世界中的事物及联系用数据模型（Data Model，DM）描述出来，即信息数据化。数据模型就是现实世界的模拟，通常数据模型分为两大类：一类是按用户的观点对数据和信息建模，称为概念模型或信息模型，通常是设计数据库的实体-关系模型图（简称 E-R 图）；另一类是按计算机系统的观点对数据建模，称为物理模型。数据建模的主要目的是将用户的需求从现实世界转换到数据库世界，如图1-4所示。

图 1-4　数据建模的目的

（1）E-R 图设计

E-R 图是由 Peter Chen 在 1976 年提出的，它使用实体（Entity）和关系（Relation）来模拟现实世界。客观存在并可以区分的事物称为实体（Entity），实体所具有的某一特性称为属性（Attribute），实体集合间存在的相互联系称为关系（Relation）。

留言管理系统包括管理员实体（AdminUser）和留言实体（Message）。留言板系统的 E-R 图如图 1-5 所示。管理员类与留言类是一对多的关系。

图 1-5　留言板系统的 E-R 图

（2）数据库物理模型设计

虽然 E-R 图有助于人们理解数据库中的实体和关系，但在具体完成软件系统开发时，还需要将信息世界的 E-R 图转换为计算机中的数据集合，目前使用最多的是关系数据库模型。可以将 E-R 设计转换为关系设计，即将 E-R 模式转化为表。

表 adminuser 用来保存管理员信息，结构见表 1-1。

表 1-1　adminuser 表

字段名称	数据类型	字段长度	说明
id	int	10	自动编号
uname	varchar	20	用户名
pwd	varchar	20	密码

表 message 用来保存留言信息，结构见表 1-2。

表 1-2　message 表

字段名称	数据类型	字段长度	说明
id	int	50	自动编号
message	varchar	300	留言内容
author	varchar	20	留言者
posttime	varchar	20	留言发表时间

同步实训任务单

实训任务单	
任务名称	为新闻发布系统进行需求分析与总体设计
训练要点	会进行需求分析与总体设计
需求说明	某公司需要开发一个新闻发布系统，但需求比较模糊，请你为该公司明确新闻发布系统的需求，并进行总体设计
完成人	完成时间
实训步骤	

任务小结

需求分析是软件计划阶段的重要活动，也是软件项目开发的一个重要环节，该阶段是分析系统的具体功能。总体设计主要包含功能模块设计、数据库设计。

任务 2　搭建开发环境

问题引入

现在就让我们开始网络留言板系统的开发吧！俗话说"工欲善其事，必先利其器"，同样，在进行开发之前需要进行开发准备，如何进行开发准备呢？

解决方法

为了顺利开发 Java Web 应用系统，需要搭建开发环境，具体步骤如下。
1）安装 JDK 开发工具包。
2）安装 Web 服务器 Tomcat。
3）安装并配置 Eclipse。
4）安装并配置 MySQL 数据库。

> **素养小课堂**
>
> 以开源开放的形式来集聚力量，实现"技术共建"，往往要比各自为战的效果更好

知识链接

1. JDK

JDK 是 Sun Microsystems 针对 Java 开发人员提供的软件开发工具包，其中包含 Java 语言编译工具和运行工具，以及执行程序的环境（即 JRE）。JDK 是一个免费、开源的工具，是其他 Java 开发工具的基础。

2. JSP

JSP 是运行在 Web 服务器上的 Java 程序，并以网页的形式展现最终的结果，所以说它是 Java Web 开发技术。同其他技术相比，它有很多优点。

◎ 一次编写，到处运行。除了系统之外，代码不用做任何更改。

◎ 系统的多平台支持。基本上可以在所有平台上的任意环境中开发，在任意环境中进行系统部署，在任意环境中扩展。相比之下，ASP.NET 的局限性是显而易见的。

◎ 强大的可伸缩性。从只有一个小的 JAR 文件就可以运行 Servlet/JSP，到由多台服务器进行集群和负载均衡，再到多个应用进行事务处理和消息处理。从一台服务器到无数台服务器，Java 显示了巨大的生命力。

◎ 多样化和功能强大的开发工具支持。这一点与 ASP 很像，Java 有多种非常优秀的开发工具，而且很多可以免费得到，大多可以顺利地运行于多种平台。

◎ 支持服务器端组件。Web 应用需要强大的服务器端组件来支持，开发人员需要利用其他工具设计实现复杂功能的组件供 Web 页面调用，以增强系统性能。JSP 可以使用成熟的 JavaBeans 组件来实现复杂的商务功能。

3. Tomcat

Tomcat 是 Apache 开发的产品，是一个免费的、开源的 Web 服务器。Tomcat 服务器是当今使用最广泛的 Servlet/JSP 服务器，它运行稳定、性能可靠，是学习 JSP 技术和中小型企业应用的最佳选择。

4. Eclipse

Eclipse 是一个开放源代码的、基于 Java 的可扩展开发平台。利用它可以在数据库和 Java EE 的开发、发布及应用程序服务器的整合方面极大地提高工作效率。

5. MySQL

MySQL 最初是由 MySQL AB 公司开发的一个小型关系数据库管理系统，目前已发展为世界上流行的开源关系数据库。由于其性能好、可靠性高和易用性强，目前它被广泛应用于 Internet 上的中小型网站中。

6. Navicat for MySQL

Navicat for MySQL 是管理和开发 MySQL 的理想解决方案。它是一套单一的应用程序，能连接 MySQL 数据库，并与 Amazon RDS、Amazon Aurora、Oracle Cloud、Microsoft Azure、阿里云、腾讯云和华为云等云数据库兼容。这套全面的前端工具为数据库管理、开发和维护提供了直观而强大的图形界面。

任务实施

1. 安装 JDK 开发工具包

（1）获取 JDK 开发工具包

进入泛雅在线课程教学平台下载 JDK（网址为 https://mooc1-1.chaoxing.com/mooc-ans/nodedetailcontroller/visitnodedetail?courseId=201713410&knowledgeId=503503447），如图 1-6 所示。

（2）安装 JDK 开发工具包

安装 JDK 很简单，只需按照安装向导一步一步操作即可。一般更改 JDK 安装路径为 D:\Program Files\Java\jdk-12.0.2\。

（3）配置 JDK

安装完 JDK 后，需要配置环境变量。

微课 1　安装 JDK 并配置环境变量

图 1-6　JDK12 下载界面

在桌面右击"我的计算机"图标，在快捷菜单中选择"属性"选项，在弹出的"系统属性"对话框中单击"高级"选项卡，单击"环境变量"按钮，如图 1-7 所示。在"环境变量"

对话框中设置环境变量 Path 和 CLASSPATH，如果变量已经存在，则单击"编辑"按钮，否则单击"新建"按钮，如图 1-8 所示。

图 1-7 "系统属性"对话框

图 1-8 "环境变量"对话框

> **小提示**
>
> Path 的值为 D:\Program Files\Java\jdk-12.0.2\bin（即 JDK 安装目录下的 bin 文件夹，并同 Path 原有值之间以";"隔开）。
>
> CLASSPATH 的值为 .;D:\Program Files\Java\jdk-12.0.2\lib（即 JDK 安装目录下的 lib 文件夹，使用 ".;" 开头，其中 "." 代表当前路径）。

（4）测试

JDK 的安装和配置完成后，需要测试一下 Java 编译器是否能够在机器上运行。进入 DOS 界面，输入 "javac" 命令，按〈Enter〉键后系统会输出 javac 的帮助信息，如图 1-9 所示，则说明已经成功配置了 JDK。否则，需要检查配置是否正确。

图 1-9 JDK 安装测试

> **小提示**
>
> javac 是 JDK 命令。常用的 JDK 命令有：
> javac 命令：用于将 Java 源代码编译为 Java 字节码文件。例如 "javac HelloWorld.java"。
> java 命令：用于运行 Java 字节码文件。例如 "java HelloWorld"。
> javadoc 命令：用于生成 Java 代码文档。例如 "javadoc HelloWorld.java"。

（5）了解 JDK 安装目录结构

JDK 是整个 Java 的核心，包括 Java 运行环境（JRE），其安装目录如图 1-10 所示，安装目录说明见表 1-3。

图 1-10　JDK 安装目录

表 1-3　JDK 安装目录说明

目　　录	说　　明
bin	提供 JDK 工具程序，包括 javac（编译程序）、java（执行程序）、javadoc（文档工具）、appletviewer（小程序）等可执行程序
conf	包含用户可配置选项的文件。可以编辑该目录中的文件以更改 JDK 的访问权限，配置安全算法，并设置 Java 加密扩展策略文件，这些文件可以用来限制 JDK 的加密强度
include	存放用于本地方法的文件
jmods	存放编译的 Java 模块
legal	每个模块的许可证和版权文件
lib	存放 Java 的类库文件，即工具程序实际上使用的是 Java 类库。JDK 中的工具程序大多也是由 Java 编写而成

2. 安装 Web 服务器 Tomcat

登录 Tomcat 官网（http://tomcat.apache.org/）下载 Tomcat 9.0，选择 32-bit/64-bit Windows Service Installer 版本。下载完毕后双击安装文件，根据向导进行安装。在配置 Tomcat 时，需要配置 Server Shutdown Port，如图 1-11 所示。接下来检验是否安装成功，启动 Tomcat 服务，打开 IE 浏览器，在地址栏中输入 http://localhost:8080/，若弹出一个如图 1-12 所示的窗口，则表明服务器 Tomcat 已经安装成功了。

微课 2　安装 Tomcat

图 1-11　配置 Server Shutdown Port

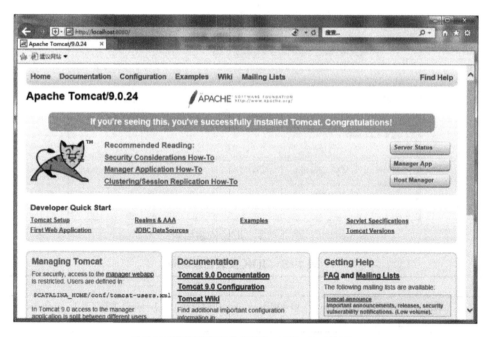

图 1-12　服务器 Tomcat 主页运行窗口

Tomcat 安装成功后的目录层次结构如图 1-13 所示，其用途见表 1-4。

图 1-13　Tomcat 目录层次结构

表 1-4　Tomcat 的目录说明

目　　录	用　　途
bin	存放启动和关闭 Tomcat 的脚本文件
lib	存放 Tomcat 服务器及所有 Web 应用程序都可以访问的 JAR 文件
conf	存放 Tomcat 服务器的各种配置文件，包括 sever.xml（Tomcat 的主要配置文件）、tomcat-users.xml 和 web.xml 等
logs	存放 Tomcat 的日志文件
webapps	存放要发布的 Web 应用程序的目录及其文件
temp	存放 Tomcat 运行时产生的临时文件
work	Tomcat 将 JSP 生成的 Servlet 源文件和字节码文件存放在这个目录下

3. 安装并配置 Eclipse

进入泛雅在线课程教学平台下载 Eclipse。在安装 Eclipse 前需要确认已安装了 JDK。直接解压下载的安装文件 eclipse-jee-2019-06-R-win32-x86_64.zip 即可完成安装。

微课3 安装并配置 Eclipse

（1）在 Eclipse 中配置 JRE

打开 Eclipse IDE for Enterprise Java and Web Developers，选择 Window → Preferences 命令，在 Java → Installed JREs 中添加 JDK 的安装目录，如图 1-14 和图 1-15 所示。

（2）在 Eclipse 中配置 Tomcat

在 Preferences 窗口的左侧列表框中选择 Server → Runtime Environment，单击 Add 按钮，按图 1-16～图 1-19 所示进行配置。

图 1-14 在 Eclipse 中配置 JRE

图 1-15 在 Eclipse 中成功配置 JRE

图 1-16 在 Eclipse 中配置 Tomcat 9.0（一）

图 1-17 在 Eclipse 中配置 Tomcat 9.0（二）　　图 1-18 在 Eclipse 中配置 Tomcat 9.0（三）

图 1-19 在 Eclipse 中配置 Tomcat 9.0（四）

4. 安装并配置 MySQL 数据库

本书所有包含数据库的示例均采用 MySQL。下面来介绍安装和配置 MySQL 的步骤。

微课4　安装并配置 MySQL 数据库

（1）下载 MySQL

登录网址 https://dev.mysql.com/downloads/windows/installer/5.7.html，进入 MySQL 5.7 的下载页面，选择离线安装包，如图 1-20 所示。

单击 Download 按钮，进入开始下载页面，单击左下方的"No thanks, just start my download."超链接，跳过注册步骤直接下载，如图 1-21 所示。

图 1-20　下载 MySQL

图 1-21　跳过注册下载

（2）安装 MySQL

双击安装文件开始安装。在安装欢迎界面中选中"I accept the license terms"复选框，单击 Next 按钮，进入设置安装类型界面。这里有 5 种安装类型：

◎　Developer Default：安装 MySQL 服务器及开发 MySQL 应用所需的工具。工具包括：开发和管理服务器的 GUI 工作台，访问操作数据库的 Excel 插件，与 Visual Studio 集成开发的插件，通过 NET/Java/C/C++/ODBC 等访问数据库的连接器、例子和教程、开发文档。

◎　Server only：仅安装 MySQL 服务器，适用于部署 MySQL 服务器。

◎　Client only：仅安装客户端，适用于基于已存在的 MySQL 服务器进行 MySQL 应用开发的情况。

◎　Full：安装 MySQL 所有可用组件。

◎　Custom：自定义需要安装的组件。

MySQL 会默认选择 Developer Default 类型，这里选择 Server only 类型，如图 1-22 所示。单击 Next 按钮进行安装。

（3）配置 MySQL 服务器

配置 MySQL 服务器的步骤如图 1-23～图 1-27 所示。

图 1-22　选择安装类型

图 1-23　高可用配置（保持默认设置）

图 1-24　类型及网络配置

图 1-25　账户和角色配置

图 1-26　服务配置

图 1-27　应用配置

（4）使用 Navicat for MySQL 管理软件

以上步骤完成后，MySQL 服务器就可以使用了。由于 MySQL 自身不带界面工具，为了可以进行可视化管理，需要另外安装界面工具来处理 SQL 语句。可以到网上下载 Navicat for MySQL 管理软件。

小提示　对于不同的操作系统和不同版本的 MySQL，安装过程可能有所不同，这里只举了 MySQL 5.7 的安装例子。

同步实训任务单

实训任务单	
任 务 名 称	在自己的计算机上搭建 Java Web 开发环境
训 练 要 点	相关软件的安装及配置
需 求 说 明	请根据本书的操作要点，在自己的计算机上搭建 JSP 开发环境
完 成 人	完成时间
实 训 步 骤	

任务小结

进行 Java Web 应用系统开发准备的步骤如下。
1）安装 JDK 开发工具包，配置系统环境变量。
2）安装 Tomcat 服务器。
3）安装并配置 Java Web 应用集成开发工具 Eclipse。
4）安装并配置 MySQL 数据库系统。

任务 3　制作网络留言板系统静态页面

问题引入

开发环境搭建好后就可以着手开发 Web 页面了，首先进行系统静态页面的设计与制作。网络留言板系统需要制作哪些静态页面呢？

解决方法

根据对系统功能的分析，系统的主要静态页面见表 1-5。

表 1-5　网络留言板系统主要静态页面

模　　块	页面名称	页　面　功　能
查看、添加留言模块	index.html	该页面具备分页查看所有留言及添加留言的功能
管理员登录模块	login.html	输入用户名及密码进行登录

（续）

模 块	页面名称	页面功能
找密码模块	lost.html	输入用户名页面
	dolost.html	根据 lost.html 输入的存在的用户名设置新密码
删除留言模块	admin.html	显示所有留言信息，并可通过每条留言后的超链接对用户的留言进行删除
出错模块	error.html	出错页面

知识链接

1. HTML 的基本结构

HTML 超文本文档分为文档头和文档体两部分，在文档头里对这个文档进行一些必要的定义，文档体中是要显示的各种文档信息。

HTML 是一种树形结构的文档（如图 1-28 所示）。<html> 是根（root）节点；<head>、<title>、<body> 是 <html> 的子（children）节点，它们互相之间是兄弟（sibling）节点；<body> 下面是另一层子节点 <table>、<p> 等。

图 1-28　HTML 的基本结构

2. HTML 的基本标记

HTML 的语法是 HTML（超文本标记语言）的组织规范和使用标准。参照上面的 HTML 基本结构，下面以列表的形式讲解它所涉及的基本标记，见表 1-6。这些基本标记是组成一个网页的最基本的 HTML 标记。

表 1-6　HTML 的基本标记

类型名称	标　记	描　述
文件类型	<html></html>	放在文件开头与结尾，标记 HTML 的开始与结束
文件标题	<title></title>	用来指定文件的标题内容
文档头	<head></head>	加入描述性文字，如主题
文档体	<body></body>	加入文件的主要内容

3. HTML 的常用标记

1）结构标记，见表 1-7。

表1-7 结构标记

类型名称	标记	描述
标题	<h?></h?>（其中？可以是1～6的数字）	表示标记中的字体是按照标题方式显示的，标题分为6种，不同的数字表示不同的大小
对齐方式	align=left/center/right	选择对齐方式是左对齐、居中对齐还是右对齐
区块	<div></div>	表示一块可显示HTML的区域

2）字体外观标记，见表1-8。

表1-8 字体外观标记

类型名称	标记	描述
字体大小	<font size=?></font>（其中？可以是1～7的数字）	设置字体的大小
字体颜色	<font color="#??????"></font>	设置字体的颜色，颜色一般使用6位十六进制的字符（0～F）表示
加粗	<B></B>	使标记中间的文字显示为粗体
斜体	<I></I>	使标记中间的文字显示为斜体
预定格式	<pre></pre>	保留文件中空格的大小

3）链接标记，见表1-9。

表1-9 链接标记

类型名称	标记	描述
链接	<a href="URL"></a>	链接到URL的地址
链接到锚点	<a name="***"></a>	设定锚点名称为***
	<a href="URL#***"></a>	锚点在另一个文件时的链接
	<a href="#***"></a>	锚点在当前文件时的链接
链接到目标	<a href="URL" target="***"></a>	如果target的值等于_blank，单击链接后将会打开一个新的浏览器窗口来浏览新的HTML文档
邮件链接	<a href="mailto:email"></a>	创建一个自动发送电子邮件的链接，mailto:后边紧跟着想要发送到的那个电子邮件地址
图像链接	<img src="URL" alt="***">	URL指明插入图像的地址，alt指出了如果没有办法显示图形则显示什么样的文字

4）格式控制标记，见表1-10。

表1-10 格式控制标记

类型名称	标记	描述
段落	<p></p>	创建一个段落，在此标记对之间加入的文本将按照段落的格式显示在浏览器中
空格		插入空格
换行	 	创建一个回车换行
横线	<hr>	在网页中添加横线

5）表单标记，见表1-11。网页中具有可输入表项及项目选择控制的栏目称为表单，它是网页与用户交互信息的主要手段，在HTML页面中起着重要的作用。

表 1-11　表单标记

类型名称	标记	描述
表单	<form></form>	创建表单，主要属性见表 1-12
单行文本框	<input type="text" size="" maxlength="">	单行的文本输入区域
按钮	<input type="submit">	将表单内容提交给服务器的按钮
	<input type="reset">	将表单内容全部清除再重新填写的按钮
	<input type="button">	普通按钮
复选框	<input type="checkbox" checked>	一个复选框，checked 属性用来设置该复选框默认时是否被选中
隐藏域	<input type="hidden">	隐藏区域，用户不能在其中输入，用来预设某些要传送的信息
图像替代	<input type="image" src="URL">	使用图像来代替 submit 按钮，图像的源文件名由 src 属性指定，单击后表单中的信息和单击位置的 (x,y) 坐标一起传送给服务器
密码框	<input type="password">	输入密码的区域，当用户输入密码时，区域内将会显示 * 号
单选按钮	<input type="radio" checked>	单选按钮类型，checked 属性用来设置该单选按钮默认时是否被选中
下拉菜单	<select name="***"></select>	定义下拉菜单的选项名称
	<option value="***">????</option>	在菜单中的选项内容及取值
文本域	<textarea name="" rows="" cols=""></textarea>	创建一个可以输入多行的文本框，textarea 具有 name、cols 和 rows 属性。cols 和 rows 属性分别用来设置文本框的列数和行数

表 1-12　<form></form> 标记的主要属性

属性名称	属性值	描述
action	URL 地址	规定当提交表单时，向何处发送表单数据
method	post 或 get	规定以何种方式把表单数据提交给 action
enctype	application/x-www-form-urlencoded multipart/form-data text/plain	规定在发送表单数据之前如何对其进行编码
target	_blank _self _parent _top framename	规定在何处打开 action 中的 URL

6）列表标记，见表 1-13。

表 1-13　列表标记

类型名称	标记	描述
无序列表	<ul> <li>第一项 <li>第二项 <li>第三项 </ul>	无序列表使用的一对标记是 <ul></ul>，每一个列表项前使用 <li>
有序列表	<ol> <li>第一项 <li>第二项 <li>第三项 </ol>	有序列表使用的标记对是 <ol></ol>，每一个列表项前使用 <li> 每个项目都有前后顺序之分，多数用数字表示

（续）

类型名称	标记	描述
自定义列表	<dl> <dt> 第一项 <dd> 叙述第一项的定义 <dt> 第二项 <dd> 叙述第二项的定义 <dt> 第三项 <dd> 叙述第三项的定义 </dl>	自定义列表可以用来给每一个列表项再加上一段说明性文字。在应用中，列表项使用标记 <dt> 标明，说明性文字使用 <dd> 表示

7）表格标记，见表 1-14。表格是网页设计中最常用的对象之一，它主要有两方面的用途：一是用于网页中普通表格的绘制；二是用表格进行页面布局。

表 1-14 表格标记

类型名称	标记	描述
表格	<table></table>	表格的开始和结束
行	<tr></tr>	定义表格的行
表头	<th></th>	定义表格中的表头
表元	<td></td>	定义表格中的具体文本
标题	<caption></caption>	要为表格加上一个标题，可以使用 <caption valign=#></caption> 标记，其中 # 可以取值 top 或 bottom，分别表示表格的标题在上部或下部

在浏览器显示表格时，表格的整体外观是由 <table> 标记的属性决定的。<table> 标记的主要属性见表 1-15。

表 1-15 <table> 标记的主要属性

属性名称	属性值	功能
border	size	设置表格边框大小
width	size	设置表格宽度
height	size	设置表格高度
cellspacing	size	设置单元格间距
cellpadding	size	设置单元格的填充距
background	URL	设置表格的背景图像
bgcolor	color	设置表格的背景颜色

<tr> 标记的一些属性可以用来定制表格的行。<tr> 标记的常用属性见表 1-16。

表 1-16 <tr> 标记的常用属性

属性名称	属性值	功能
align	left、right、center	设置行对齐方式
valign	top、middle、bottom、baseline	设置行中单元格的垂直对齐方式
bgcolor	color	设置单元格的背景颜色
bordercolor	color	设置单元格的边框颜色

<td> 标记的一些属性可以用来定制表格中的单元格。<td> 标记除具有 <tr> 标记的一般属性外还有一些特有属性，见表 1-17。

表 1-17 <td> 标记的常用属性

属性名称	属性值	功能
rowspan	num	设置单元格所占的行数
colspan	num	设置单元格所占的列数

在 HTML 中，虽然很多标记都可以控制页面的效果，但是它们的功能都很有限，使用 CSS（Cascading Style Sheets，层叠样式单或层叠样式表）可以将网页的效果实现得更完美。CSS 是每一个网页设计人员的必修课，目前各浏览器普遍支持的是 CSS 3.0。

4. 网页加载 CSS 的方式

可以使用以下 4 种方式将 CSS 加载到网页中。

1）页面内嵌法：将 CSS 直接写在页面代码的头部分（head 区域）。

2）外部链接法：将 CSS 写在一个独立的 CSS 文件中，然后在页面 head 区域使用 HTML 的 Link 对象调用。例如：

```
<link href="css/style.css" rel x c ="stylesheet" type="text/css" />
```

3）外部导入法：与外部链接法类似，用 @import 导入外部的 CSS 文件。例如：

```
<style type="text/css">
<!--
@import url("../css/style.css")
-->
</style>
```

4）内联定义法：在对象的标记内使用对象的 style 属性定义适用的 CCS 属性。例如：

```
<input style="border:1px" name="uname" type="text">
```

5. 样式规则选择器

一个样式（Style）的基本语法结构由 3 部分组成：选择器、属性和属性值，即：

```
选择器 {
对象的属性 1: 属性值 1;
…
对象的属性 n: 属性值 n;
}
```

选择器主要有 3 种：标记选择器、类选择器、ID 选择器。

1）标记选择器。在 HTML 页面中使用的标记，如果在 CSS 中被定义，那么此网页中的所有该标记都将按照 CSS 中定义的样式显示。例如：

```
<style>
p{font-weight:bold;}
</style>
```

2）类选择器。使用 HTML 标记的 class 属性引入 CSS 中定义的样式规则的名称，称为类选择器。class 属性指定的样式名称必须以"."开头。例如：

```
<style type="text/css">
.mycss{
    font-weight:bold;
}
</style>
```

在页面中使用类选择器的方法：

```
<p class="mycss">这是个段落</p>
```

3）ID 选择器。id 属性用来定义某一特定的 HTML 元素，ID 选择器定义的 CSS 名称必须以"#"开头。例如：

```
<style type="text/css">
#mycss{
    font-weight:bold;
}
</style>
```

在页面中使用类选择器的方法：

```
<p id="mycss">这是个段落</p>
```

6. 常用 CSS 属性

1）常用文本属性，见表 1-18。

表 1-18　常用文本属性

属性	描述
line-height	设置行高（即行间距），常用值为 25px、28px
text-align	设置对齐方式，常用值为 left、right、center
letter-spacing	设置字符间距，常用值为 3px、8px
text-decoration	设置文本修饰，常用值为 underline（下画线）、none
white-space	规定如何处理空白，常用值为 nowrap（不换行）

2）常用字体属性，见表 1-19。

表 1-19　常用字体属性

属性	描述
font	在一个声明中设置字体的所有样式属性
font-family	定义字体类型，例如"font-family: 宋体;"
font-size	定义字体大小
font-weight	定义字体粗细

3）常用背景属性，见表 1-20。

表 1-20 常用背景属性

属　　性	描　　述
background	在一个声明中设置所有的背景属性
background-color	设置元素的背景颜色
background-image	设置元素的背景图像
background-position	设置背景图像的开始位置
background-repeat	设置是否及如何重复背景图像

4）CSS 外边距属性，见表 1-21。

表 1-21 CSS 外边距属性

属　　性	描　　述
margin	在一个声明中设置所有的外边距属性
margin-bottom	设置元素的下外边距
margin-left	设置元素的左外边距
margin-right	设置元素的右外边距
margin-top	设置元素的上外边距

5）CSS 内边距属性，见表 1-22。

表 1-22 CSS 内边距属性

属　　性	描　　述
padding	在一个声明中设置所有的内边距属性
padding-bottom	设置元素的下内边距
padding-left	设置元素的左内边距
padding-right	设置元素的右内边距
padding-top	设置元素的上内边距

6）CSS 尺寸属性，见表 1-23。

表 1-23 CSS 尺寸属性

属　　性	描　　述
height	设置元素的高度
width	设置元素的宽度

任务实施

使用 Dreamweaver 和 HTML 完成留言板系统静态页面的设计与制作。

需要设计并编写 6 个静态网页：index.html、login.html、lost.html、dolost.html、admin.html 和 error.html。6 个静态页面如图 1-29～图 1-34 所示。限于篇幅原因，具体实现代码见教学素材包。

图 1-30 login.html 页面

图 1-31 lost.html 页面

图 1-32 dolost.html 页面

图 1-29 index.html 页面

图 1-33 admin.html 页面

图 1-34 error.html 页面

同步实训任务单

实训任务单	
任 务 名 称	制作网络留言板系统的静态页面
训 练 要 点	HTML 标记及 Dreamweaver 的使用
需 求 说 明	在 Dreamweaver 中制作查看添加留言页面 在 Dreamweaver 中制作管理员登录页面 在 Dreamweaver 中制作重设密码模块相关页面 在 Dreamweaver 中制作错误页面 error.html
完 成 人	完 成 时 间
实 训 步 骤	

任务小结

制作系统的静态页面是进行动态 Web 项目开发的准备工作,主要是用 Dreamweaver 编写 HTML 代码。

任务 4 部署并运行第一个 JSP 文件

问题引入

JSP 文件是如何编写的?同静态网页之间是否有联系?它又是如何运行的呢?

解决方法

开发环境搭建好了,下一个阶段就要学会在 Eclipse 中编写并运行 JSP 页面。该过程所涉及的几个步骤如下。

1)创建一个 Dynamic Web 项目:可通过向导创建 Web 项目。
2)设计 Web 项目的目录结构:学习如何将不同的文件放置在适当的目录下。
3)编写 JSP 文件:主要是编写相关的 JSP 文件。
4)部署并运行 JSP 文件:通过 Eclipse 将 Web 项目部署到 Tomcat 中,并运行 Web 项目中的 JSP 文件。

微课 5 JSP 的执行过程

知识链接

1. JSP 技术原理

在 HTML 文件中嵌入 Java 程序片段和 JSP 标签就构成了 JSP 页面。JSP 页面的扩展名为 .jsp,Web 服务器(如 Tomcat)通过此扩展名通知 JSP 引擎处理该页面中的元素。一般通过站点部署文件 web.xml 与 JSP 引擎联系。当用户在浏览器中通过 URL 访问 JSP 页面时，Web 服务器使用 JSP 引擎对服务器上被访问的 JSP 页面依次进行翻译、编译和执行，最后将生成的页面返回给客户端浏览器进行显示。

当 JSP 请求提交到服务器时，Web 服务器会通过以下 3 个阶段实现处理（如图 1-35 所示）。

图 1-35　JSP 的执行过程

1）翻译阶段。当 Web 服务器接收到 JSP 请求时，会对 JSP 文件进行翻译，将编写好的 JSP 文件通过 JSP 引擎转换成可识别的 Java 源代码。

2）编译阶段。经过翻译后的 JSP 文件相当于编写好的 Java 源文件，此时必须要将 Java 源文件编译成可执行的字节码文件。

3）执行阶段。经过编译阶段后生成了可执行的二进制字节码文件，此时就进入了执行阶段。最后，Web 容器把执行生成的结果页面返回到客户端浏览器进行显示。

一旦 Web 应用服务器把 JSP 文件翻译和编译完，来自客户端的每一个 JSP 请求就可以重用这个编译好的字节码文件。由于可以重用编译好的字节码文件，所以 JSP 文件在第一次请求时会比较慢，而之后对同样的 JSP 文件的请求会非常快。如果对 JSP 进行了修改，应用服务器会及时探测到这个修改，并重新进行翻译和编译。

2. URL

URL 是 Uniform Resource Location 的缩写，译为"统一资源定位符"，就是通常所说的网址。URL 是唯一能够识别 Internet 上具体的计算机、目录或文件位置的命名约定。

URL 由 3 部分组成：第一部分是协议；第二部分是主机 IP 地址（有时也包括端口号）；第三部分是主机资源的具体地址，如目录和文件名等。

第一部分和第二部分之间用"://"符号隔开，第二部分和第三部分之间用"/"符号隔开。第一部分和第二部分是不可缺少的，第三部分有时可以省略。

例如 http://localhost:8080/MyWeb/test.jsp 这个 URL，使用了超文本传输协议（HTTP），主机 IP 地址是 localhost，当然也可以使用 127.0.0.1 或者用实际的 IP 地址来替代，端口号为 8080，MyWeb/test.jsp 代表网页存放的具体地址。需要特别注意的是，MyWeb 是对外发布的虚拟的上下文路径，它对应的实际路径是 Web 应用的文档根目录，也就是 WebContent 文件夹。

任务实施

1. 创建一个 Dynamic Web 项目

微课 6　部署并运行第一个 JSP 文件

在 Eclipse 中创建 Dynamic Web 项目的步骤如下。

1）选择 File → New → Dynamic Web Project 命令，如图 1-36 所示。

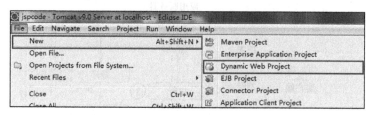

图 1-36　创建 Dynamic Web 项目

2）根据向导提示给 Dynamic Web 项目命名，如 MyWeb，其余选项可以使用默认值，如图 1-37 所示。单击 Next 按钮，在 Web Module 界面中选中产生 web.xml 文件复选框，单击 Finish 按钮完成 Dynamic Web 项目的创建，如图 1-38 所示。这里需要注意的是，项目的根目录对应的物理文件夹为 WebContent，访问时根目录对应的 URL 为 /MyWeb。

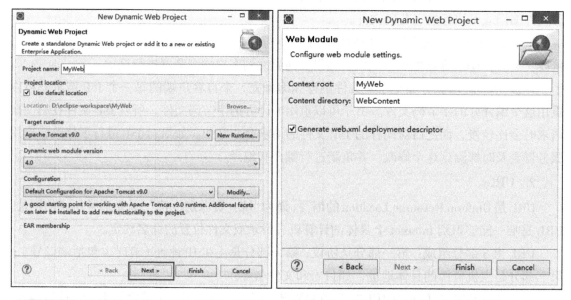

图 1-37　创建 Dynamic Web 项目（一）　　图 1-38　创建 Dynamic Web 项目（二）

2. 设计 Web 项目的目录结构

创建完 Web 项目后，可以在 Project Explorer 中看到 Eclipse 自动生成的 MyWeb 项目的目录结构，如图 1-39 所示，src 及 WebContent 下的 META-INF、WEB-INF 都是自动生成的。

Web 项目中常见目录及文件的用途见表 1-24。

模块1　Java Web编程准备

图 1-39　Web 项目的目录结构

表 1-24　Web 项目中常见目录及文件的用途

目录	用途
src	用来存放 Java 源文件
WebContent	Web 应用的根目录，相当于 Tomcat 安装目录下的 webapps
WebContent/META-INF	系统自动生成的，用于存放系统描述信息
WebContent/WEB-INF	该目录存在于文档根目录下，但是它不能被引用，其下存放的文件无法对外发布，用户无法访问
WEB-INF/lib	它包含 Web 应用所需的 .jar 或 .zip 文件
WEB-INF/web.xml	Web 应用的初始化配置文件，不要将其删除或者随意修改
静态文件	包括所有的 HTML 网页、CSS 文件、图像文件等，一般按功能以文件夹形式分类，如图像文件集中存储在 images 文件夹中，样式表文件集中存储在 css 文件夹中
JSP 文件	扩展名为 .jsp 的文件即为 JSP 文件

3. 编写第一个 JSP 文件

在 Eclipse 中使用 JSP 模板向导创建 JSP 页面的步骤如下。

1）右击项目的 WebContent 文件夹，在弹出的快捷菜单中选择 New → Other 命令，如图 1-40 所示。

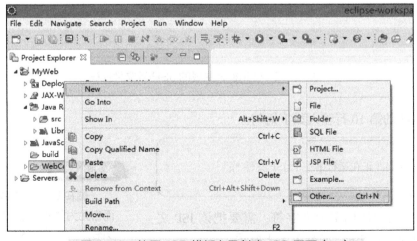

图 1-40　使用 JSP 模板向导创建 JSP 页面（一）

2）在弹出的 New 窗口中选择 Web 文件夹下的 JSP File，单击 Next 按钮，如图 1-41 所示。

3）在 New JSP File 窗口的 File Name 文本框中输入文件名，如 test.jsp，单击 Finish 按钮，即完成了使用 JSP 模板向导在 WebRoot 文件夹下创建 JSP 页面的任务，如图 1-42 所示。

图 1-41　使用 JSP 模板向导创建 JSP 页面（二）　　图 1-42　使用 JSP 模板向导创建 JSP 页面（三）

Eclipse 会按模板自动生成 test.jsp 文件，生成的代码如图 1-43 所示。

图 1-43　使用模板生成的 JSP 源文件代码

在图 1-43 的第 10 行输入如下语句：

```
<%
    out.println(" 正在运行第一个 JSP 文件 ");
%>
```

素养小课堂

编码规范对于软件开发员而言尤为重要，每个软件开发人员必须一致遵守编码规范。

如果在语句中使用了中文字符，需要把该 JSP 文件的编码形式改为 GBK，如清单 1-1 所示。

清单 1-1 将 JSP 文件的编码形式改为 GBK

```
<%@ page language="java" contentType="text/html; charset=GBK"
    pageEncoding="GBK"%>
<meta   charset=GBK">
```

修改后的 test.jsp 代码如图 1-44 所示，最后保存文件。

图 1-44 修改代码

4. 部署并运行 JSP 文件

运行 JSP 文件的过程中，Eclipse 会自动部署当前 MyWeb 项目到 Tomcat 服务器上，如图 1-45 和图 1-46 所示。Eclipse 会自动重新启动 Tomcat 服务器，同时打开内置的浏览器，JSP 的运行结果就可以在浏览器中查看，如图 1-47 所示。

图 1-45 在服务器上运行 JSP（一）

Java Web开发技术

图 1-46　在服务器上运行 JSP（二）　　　　图 1-47　运行 test.jsp 文件的结果

Tomcat 的启动信息中包含了一些重要信息。Starting Coyote HTTP/1.1 on http-8080 提示在 8080 端口启动了 Tomcat 服务。Server startup in XXXX ms 提示 Tomcat 已经启动完毕。

5. 常见错误

在刚开始使用 JSP 做 Web 程序开发时，会疏忽掉一些重要的操作步骤，导致无法运行系统。下面是几种常犯的操作错误。

1）未启动 Tomcat 服务。若没有启动 Tomcat 服务，或者没有在预期的端口中启动 Tomcat 服务，那么运行 Web 项目时会在 IE 中提示"无法访问此网站"的错误，如图 1-48 所示。

图 1-48　未启动 Tomcat 服务

> **素养小课堂**
>
> 正确结果是从大量错误中得出来的；没有大量错误作台阶，也就登不上最后正确结果的高座。

排错方法：检查 Tomcat 服务能否正确运行。在 IE 中输入 http://localhost:8080，如果 Tomcat

正确启动了，将在 IE 中显示 Tomcat 服务的首页面，否则将在 IE 中提示"无法访问此网站"。

排除错误：查看 Eclipse 上控制台的提示信息，如果在控制台上显示 Tomcat 服务已启动，观察端口号是否与预期端口号一致，按照实际端口号重新运行 Web 项目；否则，启动 Tomcat 服务。

2）未部署 Web 应用。如果已经启动了 Tomcat 服务，但是尚未部署 Web 应用，那么在运行 Web 项目时将在 IE 中提示"404 错误"，也就是文件无法找到的错误，如图 1-49 所示。

排错方法：进入部署页面，检查 Web 应用是否正确部署。

排除错误：进入部署页面，正确部署 Web 应用。

3）URL 输入错误。已经启动了 Tomcat 服务，也已部署了 Web 应用，在运行 Web 项目时 URL 输入错误，也会在 IE 中提示"404 错误"，如图 1-50 所示。

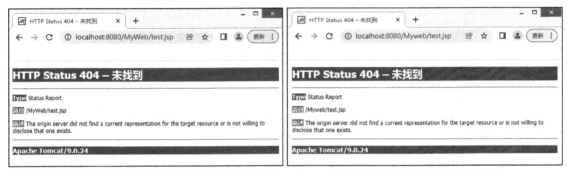

图 1-49　未部署 Web 应用　　　　　　　图 1-50　URL 输入错误

排错方法：检查 URL。

首先，查看 URL 的前两部分（即协议与 IP 地址、端口号）是否书写正确。

接着，查看上下文路径是否正确。之前在创建 Web 项目时进行过这项配置，现在可以选中项目，右击并选择 Properties 命令，在弹出的窗口中检查这个路径名称是否书写正确，如图 1-51 所示。

图 1-51　查看发布的上下文路径

最后，检查一下文件名称是否书写正确。

排除错误：修改 URL，正确的 URL 应该是 http://localhost:8080/MyWeb/test.jsp。

> 素养小课堂
>
> 锲而不舍，金石可镂

4）目录不能被引用。已经启动了 Tomcat 服务，也已部署了 Web 应用，而且看上去 URL 也没有什么错误，但是在运行 Web 项目时在 IE 中提示"404 错误"，如图 1-52 所示。

图 1-52　目录不能被引用错误

排错方法：在 Eclipse 的"包资源管理器"中检查文件的存放位置。由于 META-INF、WEB-INF 文件夹下的内容无法对外发布，所以引用 http://localhost:8080/MyWeb/WEB-INF/ 是不被允许的。检查一下是否把文件存放在了这两个文件夹下。

排除错误：把文件从 META-INF、WEB-INF 文件夹下拖动到文档根目录下，同时修改 URL 为 http://localhost:8080/MyWeb/test.jsp。

同步实训任务单

实训任务单	
任 务 名 称	将留言板管理系统静态页面改成 JSP 页面
训 练 要 点	JSP 文件的创建及运行
需 求 说 明	将留言板管理系统静态页面改成 JSP 页面
完 成 人	完成时间
小 提 示	修改为 JSP 的方法有以下两种。 方法 1：使用向导创建 JSP，复制 HTML 文件内容。 方法 2：将文件的扩展名 .html 修改为 .jsp，并在首行加入如下代码。 `<%@ page language="java" contentType="text/html; charset=GBK" pageEncoding="GBK" %>`
实 训 步 骤	

任务小结

在 Eclipse 中编写并运行 JSP 页面的步骤如下。

1) 创建一个 Dynamic Web 项目。
2) 设计 Web 项目的目录结构。
3) 编写 JSP 文件。
4) 部署并运行 JSP 文件。

小 结

1. 安装并配置 JSP 开发环境的步骤。
1) 下载、安装、配置 JDK 并测试。
2) 下载、安装 Tomcat 服务器。
3) 安装并配置 Eclipse。
4) 安装并配置 MySQL 数据库。
2. 开发 JSP 动态网站,从创建项目到部署运行所涉及的步骤。
1) 创建一个 Dynamic Web 项目。
2) 设计 Web 项目的目录结构。
3) 编写 JSP 文件。
4) 部署并运行 JSP 文件。
3. Java 服务器页面(Java Server Pages,JSP)是指在 HTML 中嵌入 Java 脚本语言,并在 Web 应用服务器端运行的页面。
4. 做 Web 程序开发时,要避免以下这些常犯的操作错误。
1) 未启动 Tomcat 服务,或者没有在预期的端口中启动 Tomcat 服务。
2) 未部署 Web 应用就试图运行 Web 程序。
3) 运行时 URL 输入错误。
4) 存放文件的目录无法对外引用,如文件放入了 WEB-INF、META-INF 等文件夹中。

习 题

一、填空题

1. Tomcat 成功安装和启动后,可以通过在浏览器中输入_____或_____来测试安装配置是否正常。

2. 当服务器上的一个 JSP 页面第一次请求执行时,首先将 JSP 文件转译成一个_____文件,再将这个文件编译生成_____文件。

二、选择题

1. 如果做动态网站的开发，（　　）可以作为服务器端脚本语言。
   A．HTML　　　　B．JSP　　　　C．JavaScript　　　D．ASP

2. 在运行 Web 项目时，IE 提示"404 错误"，可能的原因包括（　　）。
   A．未启动 Tomcat 服务　　　　　B．未部署 Web 项目
   C．URL 中的上下文路径书写错误　D．URL 中的文件名称书写错误

3. 在 Web 项目的目录结构中，web.xml 文件位于（　　）中。
   A．src 目录　　　　　　　　　　B．文档根目录
   C．META-INF 目录　　　　　　　D．WEB-INF 目录

4. 基于 Java 技术的 Web 应用程序打包时，要求按特定的目录结构组织文件。此目录结构中包含一个 WEB-INF 目录，一般情况下，该目录中包含以下各组成部分，除了（　　）。
   A．src 目录　　B．web.xml 文件　　C．Java 源文件　　D．lib 目录

模块 2 Java Web 编程入门

模块简介

模块 1 通过安装并配置 Java Web 开发环境、在 Eclipse 环境中部署运行 Java Web 项目，完成了使用 Java Web 技术开发动态网站的准备工作，读者对 Java Web 技术有了初步认识。

本模块将带领大家进一步学习 Java Web 编程技术——JSP，进一步掌握 JSP 的基本页面组成元素，并会使用 JSP 内置对象。JSP 内置对象在 Web 项目中被广泛用于获取客户端数据、输出信息、保存数据等场景中。

学习导航

模块 2 Java Web 编程入门

- **技能目标**
  - 会使用 out 对象向客户端输出内容
  - 会使用 request 对象处理客户端请求
  - 会使用 response 对象响应各种信息
  - 会使用 session 对象实现访问控制
  - 会使用 application 对象实现数据共享

- **知识目标**
  - 掌握 JSP 基本语法
  - 掌握 JSP 常用内置对象的使用方法
  - 掌握表单处理的编程模式
  - 掌握访问控制的实现流程
  - 了解 URL 请求参数

- **工作任务**
  - 认识 JSP 页面的组成元素
  - 认识 JSP 的内置对象
  - 使用 out 对象输出留言信息
  - 获取客户端请求数据
  - 实现网络留言板系统的页面跳转
  - 实现网络留言板系统的访问控制
  - 制作网站计数器

课证融通：Java Web 应用开发职业技能等级（初级）所要求的 2.2.1 技能

任务1 认识 JSP 页面的组成元素

问题引入

通过完成前面的模块1,已经知道如何使用开发工具编写及运行简单的 JSP 文件,但对 JSP 文件中的语法还不了解。JSP 的基本语法是什么呢?一起来快速入门 JSP 语法吧!

微课7 认识 JSP 页面的组成元素

解决方法

JSP 由指令、注释、小脚本、声明、表达式、静态内容、标准动作等元素构成。

知识链接

1. 指令

指令主要用于设定整个 JSP 页面范围内都有效的相关信息,它被服务器解释并执行,但不会产生任何内容输出到网页中。JSP 指令一般以 "<%@" 开始,以 "%>" 结束。在 JSP 中常用的有 page 和 include 指令。

(1) page 指令

page 指令用于整个页面,定义与页面相关的属性,一般放在 JSP 文件的第一行。

page 指令的语法格式为:

<%@ page 属性1=" 属性值1" 属性2=" 属性值2"……%>

在一个属性中可以设置多个属性值,各属性值之间用逗号分隔。page 指令提供了 language、contentType、pageEncoding、import、autoFlush、buffer、errorPage、extends、info、isELIgnored、isErrorPage、isThreadSafe 和 session 共13个属性,其中常用的有以下几个。

1) import 属性:用于指定脚本在环境中可以使用的 Java 类。它和 Java 程序中的 import 声明类似,当有几个属性值时,它们之间用逗号分开。import 属性是 page 指令的属性中唯一一个可以重复设置的属性。import 属性的呈现形式见表2-1。

表2-1 import 属性的呈现形式

import 呈现形式	例子
有多个属性值,用逗号分开	<%@ page import="java.util.*,java.io.* " %>
重复设置 import 属性	<%@ page import="java.util.* " %> <%@ page import="java.io.* " %>
import 默认属性值	java.lang.*,javax.servlet.*,javax.servlet.JSP.*,javax.servlet.http.*

2) language 属性:用于指定在脚本元素中使用的脚本语言,默认为 Java。

3) contentType 属性:用于设置 JSP 页面的 MIME 类型和字符编码,浏览器会据此显示网页内容。MIME（Multipurpose Internet Mail Extention）的内容一直在增加，现在包括的应用程序文档格式已经有很多了。表2-2列出了常见的MIME类型。

表2-2 常见的MIME类型

MIME 类型	说 明
application/msword	Microsoft Word 文档
application/pdf	Acrobat PDF 文件
application/vnd.ms-excel	Microsoft Excel 表格
audio/x-wav	WAV 格式的音频文件
text/html	HTML 格式的文本文档
text/css	HTML 层叠样式表
text/plain	普通文本文档
image/jpeg	JPEG 格式图片
video/mpeg	MPEG 格式视频文件

JSP页面默认的编码格式为ISO-8859-1，该编码格式不支持中文，要使页面支持中文，应将页面的编码格式设置成GBK或UTF-8。

4）pageEncoding属性：用于定义JSP页面的编码格式，也就是指定文件编码。JSP页面中的所有代码都使用该属性指定的字符集，为使页面支持中文，一般设置该属性的值为GBK或UTF-8。

（2）include指令

include指令用于在JSP页面中包含一个文件，该文件可以是JSP页面、HTML网页、文本文件或一段Java代码。用它可以简化页面代码，提高代码的重用性。其语法格式为：

<%@ include file=" 相对于当前文件的url" %>

2. 注释

在编写程序时，每个软件开发人员都要养成给出注释的好习惯，合理、详细的注释有利于代码后期的维护和阅读。在JSP文件的编写过程中有3种注释方法。

1）HTML的注释方法。其使用格式为：<!--html 注释 -->。其中的注释内容在客户端浏览器中是看不见的。但是查看源代码时，在客户端可以看到这些注释内容，如图2-1所示。这种注释方法是不安全的，而且会加大网络的传输负担。

图2-1 查看示例产生的网页源代码

2）JSP注释标记。其使用格式为：<%--JSP 注释 --%>。在客户端查看源代码是看不到注释中的内容的，安全性比较高。

3）在JSP脚本中使用注释。脚本就是嵌入<%和%>标记之间的程序代码，使用的语言是Java，因此在脚本中进行注释和在Java类中进行注释方法一样，其使用格式为：<%// 单行注释 %>、<% /* 多行注释 */ %>。

3. 小脚本

小脚本可以包含任意的 Java 片段，编写方法是将 Java 程序片段插入 <% 和 %> 标记中。

4. 声明

声明用于在 JSP 页面中定义全局的变量或方法。声明过的变量和方法可以在 JSP 文件的任意地方使用。声明的基本语法格式为：

> <%! 声明变量或方法的代码 %>

其中，<% 和 ! 之间不可以有空格，但 ! 与其后面的代码之间可以有空格。另外，<%! 与 %> 可以不在同一行。

5. 表达式

当需要在页面中获取一个 Java 变量或者表达式值时，使用表达式格式是非常方便的。表达式的基本语法格式为：

> <%=Java 表达式 %>

不能用分号作为表达式的结束符，表达式必须是一个合法的 Java 表达式，表达式必须有返回值，且返回值被转换为字符串。

6. 静态内容

静态内容是 JSP 页面中的静态文本，它基本上是 HTML 文本，与 Java 和 JSP 语法无关。

任务实施

下面通过案例来认识常用的 JSP 元素。

【例 2.1】编写第一个 JSP 文件，显示九九乘法表，代码如清单 2-1 所示，运行结果如图 2-2 所示。

清单 2-1　test.jsp 代码

```
<%@ page language="java" contentType="text/html; charset=GBK"pageEncoding="GBK"
    import="java.util.Date,java.text.SimpleDateFormat"%>
<!DOCTYPE html PUBLIC "-//W3C//DTD HTML 4.01 Transitional//EN"
    "http://www.w3.org/TR/html4/loose.dtd">
<html>
<head>
<meta http-equiv="Content-Type" content="text/html; charset=GBK">
<title> 第一个 JSP 文件 </title>
</head>
<!-- 这是 HTML 注释（客户端可以看到源代码） -->
<%-- 这是 JSP 注释（客户端不可以看到源代码） --%>
<body>
<%!
 String str=" ";
 String cf( ){
```

```
        for(int i=1;i<=9;i++){
        for(int j=1;j<=i;j++){
        str+=j+"*"+i+"="+j*i;
        str+=" ";
        }
        str+="<br>";
        }
        return str;
        }
%>
<%
        Date date=new Date( );
        // 设置日期时间格式
        SimpleDateFormat df=new SimpleDateFormat("yyyy-MM-dd HH:mm:ss");
        String today=df.format(date);
%>
当前时间：<%=today %>
<hr>
九九乘法表 <br>
<%=cf( ) %>
</body>
</html>
```

```
http://localhost:8080/MyWeb/test1.jsp
当前时间：2014-01-09 12:19:37
九九乘法表
1*1=1
1*2=2  2*2=4
1*3=3  2*3=6  3*3=9
1*4=4  2*4=8  3*4=12  4*4=16
1*5=5  2*5=10 3*5=15  4*5=20  5*5=25
1*6=6  2*6=12 3*6=18  4*6=24  5*6=30  6*6=36
1*7=7  2*7=14 3*7=21  4*7=28  5*7=35  6*7=42  7*7=49
1*8=8  2*8=16 3*8=24  4*8=32  5*8=40  6*8=48  7*8=56  8*8=64
1*9=9  2*9=18 3*9=27  4*9=36  5*9=45  6*9=54  7*9=63  8*9=72  9*9=81
```

图 2-2　例 2.1 的运行结果

素养小课堂

乘法口诀（也叫"九九歌"）在我国很早就已产生。最初的九九歌是以"九九八十一"起，到"二二如四"止，共 36 句口诀。大约在宋朝，九九歌的顺序才变成和现代用的一样，即从"一一如一"起，到"九九八十一"止。

1. JSP 指令

在例 2.1 中属于 JSP 指令的代码片段如清单 2-2 所示。

清单 2-2　page 指令

```
<%@ page language="java" contentType="text/html; charset=GBK"pageEncoding="GBK"
import="java.util.Date,java.text.SimpleDateFormat"%>
```

【例 2.2】使用 include 指令包含网站的版权信息栏。

编写名为 copyright.jsp 的文件，显示板块信息，代码如清单 2-3 所示。

清单 2-3　copyright.jsp 代码

```
<%@ page language="java" contentType="text/html; charset=UTF-8"
    pageEncoding="UTF-8"%>
<hr>  All Copyriht &copy;2014 XX 有限公司
```

编写 index.jsp，在该页面中显示 copyright.jsp 中的内容，代码如清单 2-4 所示。

清单 2-4　index.jsp 代码

```
<%@ page language="java" contentType="text/html; charset=UTF-8"
    pageEncoding="UTF-8"%>
<!DOCTYPE html PUBLIC "-//W3C//DTD HTML 4.01 Transitional//EN" "http://www.w3.org/TR/html4/loose.dtd">
<html>
<head>
<meta http-equiv="Content-Type" content="text/html; charset=UTF-8">
<title> 使用 include 指令 </title>
</head>
<body>
这是 index.jsp 文件中的内容 <br>
<%@ include file="copyright.jsp" %>
</body>
</html>
```

运行 index.jsp，将显示图 2-3 所示的效果。

2. 注释

例 2.1 中使用到了前面讲过的 3 种注释方法，清单 2-5 是对应的代码片段。

清单 2-5　注释代码

```
<!-- 这是 HTML 注释（客户端可以看到源代码） -->
<%-- 这是 JSP 注释（客户端看不到源代码） --%>
<%
// 设置日期时间格式
%>
```

图 2-3　include 指令的使用

3. 小脚本

属于小脚本的代码片段如清单 2-6 所示。

清单 2-6　JSP 小脚本

```
<%
    Date date=new Date();
    // 设置日期时间格式
    SimpleDateFormat df=new SimpleDateFormat("yyyy-MM-dd HH:mm:ss");
    String today=df.format(date);
%>
```

4. 声明

属于声明的代码片段如清单 2-7 所示。

清单 2-7　JSP 声明

```jsp
<%!
  String str=" ";
  String cf( ){
    for(int i=1;i<=9;i++){
      for(int j=1;j<=i;j++){
        str+=j+"*"+i+"="+j*i;
        str+=" ";
      }
      str+="<br>";
    }
    return str;
  }
%>
```

一个声明仅在一个页面中有效。如果想每个页面都用到一些声明，最好将其写成一个单独的文件，然后用 include 指令包含进来。

5. 表达式

属于表达式的代码片段如清单 2-8 所示。

清单 2-8　JSP 表达式

```jsp
<%=today %>
```

6. 静态内容

粗体部分都属于静态内容。

同步实训任务单

实训任务单	
任务名称	编写简单的 JSP 程序
训练要点	JSP 常用页面元素的使用
需求说明	编写 JSP 程序，实现动态添加下拉列表的列表项
完成人	完成时间
小提示	提示：创建 JSP 文件，在此文件的顶部使用 JSP 声明并初始化一个一维数组，此数组用于存放下拉列表的列表项内容；在 <body> 标记中使用 for 循环遍历数组，并将数组元素作为下拉列表的列表项显示
实训步骤	

任务小结

JSP 由静态内容、指令、表达式、小脚本、声明、注释等元素构成。

JSP 指令一般以"<%@"开始,以"%>"结束。
JSP 注释标记的使用格式为:<%-- JSP 注释 --%>。
小脚本以"<%"开始,以"%>"结束。
JSP 声明以"<%!"开始,以"%>"结束。
JSP 表达式以"<%="开始,以"%>"结束,"="后跟 Java 表达式。

任务 2 认识 JSP 的内置对象

问题引入

JSP 的一个重要特征就是它自带了功能强大的内置对象,这些内置对象在 Web 项目中被广泛用于获取客户端数据、输出信息、保存数据等场景中。

那么,有哪些内置对象呢?它们的功能又是如何的?

解决方法

JSP 的内置对象包括 request、response、out、session、pageContext、application、config、page 和 exception。比较常用的有 out、request、response、session 和 application。通过学习 JSP 内置对象的概念、分类、可见范围及功能等知识点,了解 JSP 的内置对象。

课证融通　Java Web 应用开发职业技能等级(初级)所要求的2.2.2 技能

知识链接

1. JSP 内置对象概述

Java 是面向对象的,由于 JSP 是使用 Java 作为脚本语言,所以 JSP 具有强大的对象处理能力。在 Java 语法中使用一个对象前,需要先实例化这个对象,这其实是一件比较烦琐的事。为了简化开发,JSP 提供了一些内置对象,这些内置对象在使用时不需要实例化,直接使用即可。内置对象也称为隐含对象或固有对象。内置对象是被 JSP 容器自动定义的对象变量,可以在 JSP 的 jspService() 方法中自动实例化这些隐含对象。JSP 内置对象大致可分为如下 4 类。

微课 8　认识 JSP 的内置对象

1)与输入/输出有关的内置对象:out、request、response。
2)与上下文(Context)有关的内置对象:session、application、pageContext。
3)与 Servlet 有关的内置对象:page、config。
4)与错误(Error)处理有关的内置对象:exception。

2. JSP 内置对象的范围

表 2-3 列出了 JSP 的 9 个内置对象的可见范围及其功能。

表 2-3　JSP 的内置对象

对象名	对象类型	可见范围	描述
out	javax.servlet.jsp.JspWriter	page	提供对输出流的访问
request	javax.servlet.http.HttpServletRequest	request	提供对 HTTP 请求数据的访问，同时还提供用于加入特定请求数据的上下文
response	javax.servlet.http.HttpServletResponse	page	允许直接访问 HttpServletResponse 对象，可用来向客户端输入数据
session	javax.servlet.http.HttpSession	session	可用来保存在服务器与一个客户端之间需要保存的数据，当客户端关闭网站的所有网页时，session 变量会自动消失
application	javax.servlet.ServletContext	application	代表应用程序上下文，它允许 JSP 页面与包括在同一应用程序中的任何 Web 组件共享信息
pageContext	javax.servlet.jsp.PageContext	page	是 JSP 页面本身的上下文，它提供了唯一一组方法来管理具有不同作用域的属性，这些 API 在实现 JSP 自定义标记处理程序时非常有用
page	java.lang.Object，即 HttpJspBase	page	代表 JSP 页面对应的 Servlet 类实例
config	javax.servlet.ServletConfig	page	允许将初始化数据传递给一个 JSP 页面
exception	java.lang.Throwable，即 Exception	page	含有只能由指定的 JSP "错误处理页面"访问的异常数据

> **小提示**
>
> 在选择范围时，应遵循如下原则：
> 如果数据只在一个页面用到，就用 page 范围；
> 如果数据在多个页面用到，就用 session 范围；
> 如果数据在多个请求中用到，就用 request 范围；
> 如果数据在多个 session 中用到，就用 application 范围。

任务实施

常用的 JSP 内置对象有 out、request、response、session、application。

out 对象可以向客户端浏览器输出信息。

request 对象用于封装客户端的请求信息，通过调用相应的方法可以获取客户端提交的信息。

可以使用 response 对象实现页面跳转。session 对象用于进行访问控制。

application 对象是 JSP 的内置对象，它类似于系统的全局变量，用于实现用户之间的数据共享。

同步实训任务单

实训任务单	
任务名称	辨识 JSP 内置对象的使用场景
训练要点	常用 JSP 内置对象的使用
需求说明	请列举常用 JSP 内置对象的使用场景
完成人	完成时间
实训步骤	

Java Web开发技术

任务小结

JSP 内置对象是指不需要 JSP 页面编写者来实例化，在所有的 JSP 页面中都可以直接使用并由 JSP 容器实现和管理的组件，它起到了简化页面的作用。JSP 内置对象被广泛应用于获取客户端数据、输出信息、保存数据等操作中。

任务 3 使用 out 对象输出留言信息

问题引入

out 对象是常用的 JSP 内置对象之一，通过 out 对象可以向客户端浏览器输出信息，并且管理应用服务器上的输出缓冲区。那么如何使用 out 对象呢？

解决方法

在 JSP 文件中使用 out 对象的 print( ) 或 println( ) 方法可在页面上输出信息。

知识链接

1. 向客户端输出数据

out 对象的一个基本作用就是向客户端浏览器输出信息。out 对象可以输出各种数据类型的数据，在输出非字符串类型的数据时，会自动转换为字符串进行输出。

out 对象提供了 print( ) 和 println( ) 两种向页面中输出信息的方法，不同的是，println( ) 在后面添加了一个空行，不过这个空行被浏览器解析时忽略。

2. 管理缓冲区

out 对象还有一个重要功能就是对缓冲区进行管理。表 2-4 列出了 out 对象管理缓冲区的方法。

表 2-4 out 对象管理缓冲区的方法

方法	说明
void clear( )	清除缓冲区的内容，但不把数据输出到客户端
void clearBuffer( )	清除缓冲区的当前内容，并把数据输出到客户端
void close( )	关闭输出流，清除所有内容
void flush( )	立即输出缓冲区里的数据
int getBufferSize( )	返回缓冲区字节数的大小（KB），如不设缓冲区则为 0
int getRemaining( )	返回缓冲区中剩余空间的大小
boolean isAutoFlush( )	返回缓冲区满时是自动清空还是抛出异常。若返回 true，则缓冲区满时是自动清空；若返回 false，则缓冲区满时抛出异常

任务实施

【例 2.3】使用 out 对象向页面输出数据,代码如清单 2-9 所示。

清单 2-9 out1.jsp 代码

```
<%@ page language="java" contentType="text/html; charset=GBK"
    pageEncoding="GBK"%>
<!DOCTYPE html PUBLIC "-//W3C//DTD HTML 4.01 Transitional//EN" "http://www.w3.org/TR/html4/loose.dtd">
<html>
<head>
<title> 使用 out 对象案例 1</title>
</head>
<body>
<%
out.print(" 使用 out 对象的 print 方法输出信息。");
out.println(" 使用 out 对象的 println 方法输出字符串。");
out.println(" 实现换行了 <br>");
out.print("<br>");
out.print(3.14159);
 %>
<br>
<%=" 这是使用表达式输出 " %>
</body>
</html>
```

例 2.3 的运行结果如图 2-4 所示。可见在使用 print( ) 方法和 println( ) 方法向页面输出信息时并不能很好地区分出两者的区别,为了能真正实现在页面中换行,需要通过 print("<br>") 或 println("<br>") 方法实现。通过 out 对象的 print( ) 和 println( ) 方法向客户端浏览器输出信息与使用 JSP 表达式输出信息效果相同。

图 2-4 例 2.3 的运行结果

同步实训任务单

实训任务单	
任务名称	使用 out 对象输出当前日期和时间
训练要点	out 对象的使用
需求说明	在页面上使用 out 对象输出当前日期和时间(格式为"年 – 月 – 日 时:分:秒")
完成人	完成时间
小提示	// 设置日期时间格式 SimpleDateFormat df=new SimpleDateFormat("yyyy-MM-dd HH:mm:ss");
实训步骤	

任务小结

out 对象提供了 print( ) 和 println( ) 两种向页面中输出信息的方法，out 对象可以输出各种数据类型的数据，在输出非字符串类型的数据时，会自动转换为字符串进行输出。调用方法为

```
out.print( 常量或变量 );
out.println( 常量或变量 );
```

任务 4　获取客户端请求数据

问题引入

动态网页具有交互性，而能够处理客户端请求是与用户进行信息交互的基础。那么服务器是如何获取客户端请求数据的呢？

解决方法

request 对象是 JSP 中常用的对象之一，用于封装客户端的请求信息，通过调用相应的方法可以获取客户端提交的信息。用户可以使用 HTML 表单提交客户端数据，也可以采用请求参数的方式将客户端数据提交给服务器。下面通过具体任务来深入学习如何使用 request 对象的相关方法获取表单数据及请求参数。

知识链接

1. Web 网页中的表单格式

用户通常使用 HTML 表单向服务器的某个 JSP 页面提交信息。表单的一般格式为

```
<form method="get/post" action=" 表单要提交到的地点 ">
[ 接收数据的表单组件 ]
[ 数据提交控件 ]
</form>
```

（1）采用 post 方式

若采用 post 方式会将表单的内容通过 HTTP 发送，在地址栏中看不到表单的提交信息，而且使用 post 方式发送信息没有字符长度的限制。

（2）采用 get 方式

若采用 get 方式，表单内容经过编码之后通过 URL 发送（可以在地址栏中看到表单信息，不安全，一般不建议使用 get 方式）。使用 get 方式发送信息时有 255 个字符的限制。

素养小课堂

遵守《中华人民共和国数据安全法》

2. 获取 HTML 表单提交的数据

使用 request 对象的 getParameter( ) 方法可以获得上一个页面表单中文本框、密码框、单选框、下拉框所提交的单个参数值。使用 request 对象的 getParameterValues( ) 方法可获得上一个页面中复选框所提交的多个参数值。

使用方法为：

```
request.getParameter(" 表单组件名 ");         // 获取单个值
request.getParameterValues(" 表单组件名 ");   // 获取多个值
```

表单中输入或选择的数据有可能是中文的，为了避免出现乱码，需要使用 request 对象的 setCharacterEncoding( ) 方法指定请求的编码方式，一般为 GBK 或 UTF-8。调用 request 对象的 setCharacterEncoding( ) 方法的语句一定要在页面中没有调用任何 request 对象的方法时才能使用，否则该语句将不起作用。

处理表单中中文数据的方法：

```
request.setCharacterEncoding("GBK");     // 表单中中文数据的处理
```

3. 请求参数

在表单中采用 get 方式提交数据时，在地址栏中显示的地址为 http://localhost:8080/MyWeb/ch02/doreg.jsp?uname=greatwall&pwd=123456&sex=male&study=%B2%A9%CA%BF&like=%B3%AA%B8%E8&like=%D4%C4%B6%C1。

可以发现，客户端要传递给目标文件的数据在 "?" 后面，也就是说，数据和目标文件之间用 "?" 隔开，数据的格式为 "请求参数名 = 参数值"。

如果有多个请求参数要传递，多个参数值之间通过 "&" 分隔开。

4. 获取访问请求参数

request 对象用于处理 HTTP 请求中的各项参数。在这些参数中，最常用的就是获取访问请求参数。使用请求参数形式传递数据的方法通常用在超链接中，当传递数据不多时，可以直接通过链接来传递数据。

使用方法为：

```
request.getParameter(" 请求参数名 ");
```

使用超链接进行数据传递时采用 get 方式提交请求，如果在传递数据中存在中文，由于请求参数采用的是 ISO-8859-1 编码，不支持中文，若使用 request 对象直接获取容易产生乱码，为避免该问题，需要对获取的数据重新进行编码。由于使用 request 对象获取的数据类型均是 String 类型，因而可以将获取的数据通过 String 构造方法使用 UTF-8 或 GBK 编码重新构造一个 String 对象，这样就可以正确显示中文了。

解决请求参数中中文数据的方法如下：

```
new String(request.getParameter(" 请求参数名 ").getBytes("iso-8859-1"),"utf-8");
```

任务实施

1. 获取客户端表单数据

【例 2.4】在图 2-5 所示的注册页面（reginput.jsp）中填写注册信息，单击"提交"按钮后显示注册信息，如图 2-6 所示。

微课 9　获取客户端表单数据

图 2-5　输入注册信息

图 2-6　提交后显示注册信息

实现步骤如下。

1）编写 reginput.jsp 页面，包含注册表单，该表单数据提交到 doreg.jsp 页面，代码如清单 2-10 所示。

清单 2-10　reginput.jsp 代码

```
<%@ page language="java" contentType="text/html; charset=GBK"
    pageEncoding="GBK"%>
<html>
<head>
<meta http-equiv="Content-Type" content="text/html; charset=GBK">
<title> 注册页面 </title>
</head>
<body>
请填写注册信息：<br>
<form action="doreg.jsp" method="post">
用户名：<input type="text" name="uname"><br>
密    码：<input type="password" name="pwd"><br>
性    别：<input type="radio" name="gender" value="male"> 男 <input type="radio" name="gender" value="female"> 女 <br>
学    历：<select name="education">
<option value=" 本科 "> 本科 </option>
<option value=" 硕士 "> 硕士 </option>
<option value=" 博士 "> 博士 </option>
</select><br>
爱    好：<input type="checkbox" name="hobby" value=" 唱歌 "> 唱歌
```

```
<input type="checkbox" name="hobby" value=" 跳舞 "> 跳舞
<input type="checkbox" name="hobby" value=" 阅读 "> 阅读
<input type="checkbox" name="hobby" value=" 旅游 "> 旅游 <br>
<input type="submit" value=" 提交 ">  <input type="reset" value=" 清空 ">
</form>
</body>
</html>
```

2）编写 doreg.jsp 页面，用于获取 reginput.jsp 页面中填写的注册信息并显示，代码如清单 2-11 所示。

清单 2-11 doreg.jsp 代码

```
<%@ page language="java" contentType="text/html; charset=GBK"
    pageEncoding="GBK"%>
<html>
<head>
<title> 输出注册信息 </title>
</head>
<%
request.setCharacterEncoding("GBK");            // 设置请求的编码，解决中文乱码问题
String name=request.getParameter("uname");
String password=request.getParameter("pwd");
String xb=request.getParameter("gender");
String xl=request.getParameter("education");
String ah[]=request.getParameterValues("hobby");  // 获取多选项的值
 %>
<body>
表单中输入的内容为：<br>
用户名：<%=name %><br>
密码：<%=password %><br>
性别：<%=xb %><br>
学历：<%=xl %><br>
爱好：<% if(ah!=null){
for(int i=0;i<ah.length;i++)
out.print(ah[i]+"  ");
} %><br>
</body>
</html>
```

reginput.jsp 中表单信息提交至 doreg.jsp 文件处理，图 2-7 所示是采用 post 方式发送信息至 doreg.jsp 的页面。

把 reginput.jsp 中表单信息的发送方式改为 get（即 method="get"），如图 2-8 所示。

素养小课堂

使用get方式提交，请求数据会暴露在URL中，增加了数据安全风险。一些敏感数据的提交不能使用get方式。

图 2-7 采用 post 方式发送信息

图 2-8 采用 get 方式发送信息

doreg.jsp 中使用 getParameter ("uname") 方法可以获取一个字符串，其中 uname 为表单控件的名称；使用 getParameterValues("hobby") 方法可以获取一个字符串数组，这个数组中存储的就是所有选中的复选项对应的值。

2. 获取超链接传递的请求参数

【例 2.5】进行翻页时，通过超链接传递当前页码。

```
<a href="index.jsp?page=<%=prep %>"> 上一页 </a><br>
<a href="index.jsp?page=<%=nextp %>"> 下一页 </a>
```

微课 10 获取超链接传递的请求参数

当单击上一页超链接时，会打开 index.jsp 页面，同时通过 page 参数传递当前页码（表达式 prep 的值），于是可以在 index.jsp 中使用 request 对象的 getParameter() 方法获得传递的 page 参数的值，具体代码如下：

```
<% String p=request.getParameter("page");%>
```

在使用 request 对象的 getParameter() 方法获得传递的参数值时，如果指定的参数不存在，将返回 null。如果指定了参数名，但未指定参数值，将返回空的字符串 ""。

【例 2.6】处理获取请求参数时乱码。

1）编写 req1.jsp 页面，包含一个超链接，通过该链接传递若干参数，其中包含中文参数值，代码如清单 2-12 所示。

清单 2-12　req1.jsp 代码

```
<%@ page language="java" contentType="text/html; charset=UTF-8"
    pageEncoding="UTF-8"%>
<html>
<head>
<title> 通过超链接传递参数 </title>
</head>
<body>
<a href="req2.jsp?user= 王 &id=2"> 到 req2.jsp</a>
</body>
</html>
```

2）编写 req2.jsp 页面，用于获取 req1.jsp 页面传递过来的请求参数并显示，代码如清单 2-13 所示。

清单 2-13 req2.jsp 代码

```jsp
<%@ page language="java" contentType="text/html; charset=UTF-8"
    pageEncoding="UTF-8"%>
<html>
<head>
<title>获取请求参数 </title>
</head>
<body>
<%
String n=new String(request.getParameter("user").getBytes("iso-8859-1"),"utf-8") ; // 参数中的中文处理
int id=Integer.parseInt(request.getParameter("id"));                                // 类型转换为 int
%>
<%=n %><br>
<%=id %>
</body>
</html>
```

同步实训任务单

实训任务单	
任务名称	获取用户留言数据
训练要点	request 对象的使用
需求说明	在留言板系统中，用户要发表留言，请编写程序获取并在页面中显示用户提交的留言，运行效果如图 2-9 和图 2-10 所示 图 2-9 留言页面　　　图 2-10 显示留言页面
完 成 人	完成时间
实训步骤	

任务小结

request 对象的 getParameter( ) 方法可获得上一个页面表单中文本框、密码框、单选框、下拉列表框所提交的单个参数值；request 对象的 getParameterValues( ) 方法可获得上一个页面中复选框所提交的多个参数值。

获取的数据如果是中文，需要进行中文处理，否则无法正常显示。

任务 5　实现网络留言板系统的页面跳转

问题引入

使用 JSP 处理客户端请求时一般遵循这样一种模式：首先，用户通过表单控件输入并提交信息，或程序通过请求参数方式提交信息；接着，JSP 页面获得客户端的请求数据并进行处理；最后，JSP 页面根据处理结果转向不同的结果页面。获取客户端请求信息可以使用 request 对象的 getParameter( ) 方法或 getParameterValues( ) 方法，那么如何实现页面跳转呢？

解决方法

在 JSP 中可以使用重定向及转发方式来实现页面的跳转。

微课 11　实现页面跳转

知识链接

1. 转发与重定向

转发，简单地说就是通过一个中介将甲方的请求传递给乙方。从程序运行的角度来说，就是当客户端发送一个请求到服务器后，Web 服务器调用内部的方法在容器内部完成请求处理和转发动作，然后将目标资源发送给浏览器，整个过程都是在一个 Web 容器内完成的，因而可以共享 request 范围内的数据。而对于客户端，不管服务器内部如何处理，作为浏览器都只是提交了一个请求，因而客户端的 URL 地址不会发生改变。使用 request 的 getRequestDispatcher( ) 方法可以实现转发，通过转发能在多个页面交互过程中实现请求数据的共享。

使用 response 对象的 sendRedirect( ) 方法可以实现重定向。重定向是指客户端重新向服务器请求一个地址链接，由于是发送新的请求，因而上次请求中的数据将随之丢失。由于服务器重新定向了 URL，因而在客户端浏览器中显示的是新的 URL 地址。重定向可以理解为浏览器至少提交了两次请求。

转发和重定向都能实现页面的跳转，它们的区别见表 2-5。

表 2-5　转发和重定向的区别

名　称	使用的对象	发挥作用的位置	地址栏情况	数　据　共　享
重定向	response	客户端	显示转向后的地址	不共享 request 范围内的数据
转发	request	服务器端	不显示目标地址	共享 request 范围内的数据

2. 使用 response 对象实现重定向

response 对象用于响应客户请求并向客户端输出信息，response 对象的 sendRedirect( ) 方法是用来将请求重定向到一个不同的 URL 上的。sendRedirect( ) 方法的语法格式为：

```
response.sendRedirect(String path);
```

其中，path 用于指定目标路径，可以是相对路径，也可以是不同主机的其他 URL 地址。

3. 使用 request 对象实现转发

使用 request 的 getRequestDispatcher( ) 方法可实现转发。通过转发能在多个页面交互过程中实现请求数据的共享。

任务实施

【例 2.7】模拟用户登录，登录成功跳转到欢迎页面，登录失败跳转到登录页面。

实现步骤如下。

1）编写 login.jsp 页面，包含登录表单，表单数据提交到 dologin.jsp 页面。代码如清单 2-14 所示，登录页面如图 2-11 所示。

清单 2-14　login.jsp 代码

```
<%@ page language="java" contentType="text/html; charset=UTF-8"
    pageEncoding="UTF-8"%>
<html>
<head>
<title>用户登录</title>
</head>
<body>
请输入用户名和密码：
<form action="dologin.jsp" method="post">
用户名：<input type="text" name="uname"><br>
密    码：<input type="password" name="pwd"><br>
<input type="submit" value=" 登录 "><input type="reset" value=" 重置 ">
</form>
</body>
</html>
```

2）编写 dologin.jsp 页面，用来获取登录表单中的数据，并验证用户名和密码，根据验证的结果进行跳转，代码如清单 2-15 所示。

清单 2-15　dologin.jsp 代码

```
<%@ page language="java" contentType="text/html; charset=UTF-8"
    pageEncoding="UTF-8"%>
<html>
<head>
<title>登录处理</title>
</head>
<body>
<%request.setCharacterEncoding("utf-8");
String name=request.getParameter("uname");
String pwd=request.getParameter("pwd");
if(name.equals(" 张三 ")&&pwd.equals("123")) response.sendRedirect("welcome.jsp");
else response.sendRedirect("login.jsp");
%>
</body>
</html>
```

3）编写 welcome.jsp 页面，代码如清单 2-16 所示。

清单 2-16　welcome.jsp 代码

```
<%@ page language="java" contentType="text/html; charset=UTF-8"
    pageEncoding="UTF-8"%>
<html>
<head>
<title> 登录成功 </title>
</head>
<body>
<%String name=request.getParameter("uname"); %>
欢迎 <%=name %>！
</body>
</html>
```

当输入正确的用户名及密码时，跳转至欢迎页面，如图 2-12 所示。可见，重定向显示转向后的地址，但不共享 request 范围内的数据。

图 2-11　login.jsp 页面

图 2-12　重定向后的欢迎页面

【例 2.8】修改 dologin.jsp，使用转发方式实现例 2.7 的功能。

仅需修改例 2.7 中的 dologin.jsp 代码，如清单 2-17 所示。

清单 2-17　修改后的 dologin.jsp 代码

```
<%@ page language="java" contentType="text/html; charset=UTF-8"
    pageEncoding="UTF-8"%>
<html>
<head>
<title> 登录处理 </title>
</head>
<body>
<%request.setCharacterEncoding("utf-8");
String name=request.getParameter("uname");
String pwd=request.getParameter("pwd");
if(name.equals(" 张三 ")&&pwd.equals("123")) request.getRequestDispatcher("welcome.jsp").
    forward(request,response);
else response.sendRedirect("login.jsp");
%>
</body>
</html>
```

当输入正确的用户名及密码,跳转至欢迎页面,如图 2-13 所示。可见,转发不显示跳转后的地址,但共享 request 范围内的数据。

图 2-13 转发后的欢迎页面

同步实训任务单

实训任务单	
任务名称	猜数游戏
训练要点	request 和 response 对象的使用
需求说明	编写 JSP 程序,实现猜数功能。系统随机生成一个 1~100 之间的整数,要求用户在输入框中输入数进行游戏,根据判断的结果转向不同的页面,若没猜对,继续猜数。系统运行效果如图 2-14~图 2-17 所示。 图 2-14 猜数游戏首页　　图 2-15 猜小了的页面 图 2-16 猜大了的页面　　图 2-17 猜对了的页面
完成人	完成时间
小提示	实现该游戏功能需要 5 个页面。 　　guess.jsp 页面:效果如图 2-14 所示,在此页面中生成随机整数 (int)(Math.random()*100)+1,通过表单传递此随机整数到其他页面中。 　　control.jsp 页面:获取 guess.jsp 页面输入的数,同传递过来的随机数比较,转向不同的页面。 　　ok.jsp 页面:猜对页面,效果如图 2-17 所示。 　　smaller.jsp 页面:猜小了的页面,效果如图 2-15 所示。 　　larger.jsp 页面:猜大了的页面,效果如图 2-16 所示。 　　在 control.jsp、smaller.jsp 和 larger.jsp 这些页面间共享请求数据(随机数)
实训步骤	

任务小结

JSP 处理客户端请求时一般遵循这样一种模式：首先，用户通过表单控件输入并提交信息，或程序通过请求参数方式提交信息；接着，JSP 页面获得客户端的请求数据并进行处理；最后，JSP 页面根据处理结果转向不同的结果页面。

使用 request 的 getRequestDispatcher( ) 方法可以实现转发，通过转发能在多个页面交互过程中实现请求数据的共享。使用 response 对象的 sendRedirect( ) 方法可以实现重定向，但数据不共享。

任务 6　实现网络留言板系统的访问控制

问题引入

大家可能经常碰到这样的问题，比如在使用百度文库时，当想下载某文档时，系统会自动转入登录页面，提示用户登录后才能下载。当然，如果是已登录用户，就不会面临这样的问题了。那么，网络应用系统是如何判断用户是否已经登录过的呢？也就是说，系统如何实现对网站的访问控制呢？

> 课证融通：Java Web 应用开发职业技能等级（初级）所要求的2.2.3技能

解决方法

通常情况下，用户登录后的整个访问过程都会用到用户登录信息。JSP 的 session 对象能在一段时间内保存用户的登录信息，即在用户登录之后，把用户信息保存在 session 中。在其他页面中通过访问 session 中的用户信息，实现访问控制。

知识链接

1. 访问控制流程

系统进行访问控制有图 2-18 和图 2-19 所示的两种情形。

图 2-18　访问控制流程（一）

图 2-19　访问控制流程（二）

HTTP是一种无状态的协议,也就是说,它不能有效地记录整个访问过程中的一些状态。JSP提供了一套会话跟踪机制,该机制可以维持每个用户的会话信息,可以为不同的用户保存不同的数据。对Web开发来说,一个会话就是用户通过浏览器与服务器之间进行的一次通话,它包含浏览器与服务器之间的多次请求、响应过程。当浏览器关闭时,相应的会话结束。

在JSP中,session内置对象用来存储有关用户会话的所有信息,一个用户对应一个session,并且随着用户的离开,session中的信息也会消失。访问控制就是通过session对象实现的。

2. 使用session对象保存信息

session对象的setAttribute()方法用于保存用户信息,其语法格式为

> session.setAttribute(String key,Object value);

其中,key表示键;value表示值,value必须是一个Object类型。该方法表示以键–值的方式将一个对象的值存放到session中去。

3. 使用session对象获取信息

session对象的getAttribute()方法用于获取session对象中存放的对象的值,其语法格式为

> (要强制转换的类型)session.getAttribute(String key);

其中,key表示键。该方法表示以键的方式获取session对象中存放的对象的值,此方法的返回值是一个Object类型,必须要进行强制类型转换。

4. 从session中移除指定的对象

对于存储在session会话中的对象,如果想将其从session会话中移除,可以使用session对象的removeAttribute()方法:

素养小课堂

> session.removeAttribute(String key);

其中,key表示键。该方法表示以键的方式移除session对象中存放的对象,一般用于注销登录功能中。

遵守《中华人民共和国网络安全法》

当用户退出后,将之前写进服务器端的session值进行删除,防止session一直可用,通过该方法可以对网站session会话安全做防护。

任务实施

【例2.9】依据访问控制流程完善例2.7中的用户登录代码,用户登录成功后保存用户信息(用户名和密码)。

实现步骤如下。

1)编写User类,该类在entity包下,用于存放用户名及密码,代码如清单2-18所示。

清单 2-18　entity.User.java 代码

```java
package entity;
public class User {
    private String name;
    private String password;
    public String getName( ) {
        return name;
    }
    public void setName(String name) {
        this.name = name;
    }
    public String getPassword( ) {
        return password;
    }
    public void setPassword(String password) {
        this.password = password;
    }
}
```

2）编写 login.jsp 页面（登录页面），代码如清单 2-19 所示。

清单 2-19　login.jsp 代码

```jsp
<%@ page language="java" contentType="text/html; charset=UTF-8"
    pageEncoding="UTF-8"%>
<html>
<head>
<title> 用户登录 </title>
</head>
<body>
请输入用户名和密码：
<form action="dologin.jsp" method="post">
用户名：<input type="text" name="uname"><br>
密    码： <input type="password" name="pwd"><br>
<input type="submit" value=" 登录 "><input type="reset" value=" 重置 ">
</form>
</body>
</html>
```

3）编写 dologin.jsp 页面，此为登录处理页面，用于进行登录验证，依据访问控制流程，需要将成功登录的用户信息存放在 session 中，然后再转向欲访问的 welcome.jsp 页面，代码如清单 2-20 所示。

清单 2-20　dologin.jsp 代码

```jsp
<%@ page language="java" contentType="text/html; charset=UTF-8"
pageEncoding="UTF-8" import="entity.*"%>
<html>
<head>
<title> 登录处理 </title>
</head>
<body>
<%request.setCharacterEncoding("utf-8");
String name=request.getParameter("uname");
String pwd=request.getParameter("pwd");
User user=new User( );
user.setName(name);            // 将用户名封装在 user 中
user.setPassword(pwd);         // 将密码封装在 user 中
if(name.equals(" 张三 ")&&pwd.equals("123")) {
                               // 把 user 对象存放到 session 中，它对应的键为 loginuser
    session.setAttribute("loginuser",user);
    response.sendRedirect("welcome.jsp");
}
else response.sendRedirect("login.jsp");
%>
</body>
</html>
```

【例 2.10】依据访问控制流程完善例 2.9，要求非登录用户不能访问欲访问的 welcome.jsp 页面。

实现：编写 welcome.jsp，其中清单 2-21 中加粗的代码部分即实现非登录用户只能访问登录页，不能显示 welcome.jsp 页面内容。

清单 2-21　welcome.jsp 代码

```jsp
<%@ page language="java" contentType="text/html; charset=UTF-8"
pageEncoding="UTF-8" import="entity.*"%>
<html>
<head>
<title> 登录成功 </title>
</head>
<body>
<%User user=(User)session.getAttribute("loginuser");         // 获取用户对象
if(user==null)response.sendRedirect("login.jsp");            // 未登录的情况
```

```
%>
欢迎 <%=user.getName( ) %>！
</body>
</html>
```

清单 2-21 中的加粗的代码部分即为判断 session 是否保存了用户登录信息。session 只存储已登录的用户信息。至此，访问控制已实现。现在可通过以下几步来验证访问控制的效果。

1）直接在浏览器地址栏中输入 URL，访问 welcome.jsp 页面。

2）通过登录页面进入 welcome.jsp 页面。

3）重新开启一个浏览器窗口，直接访问 welcome.jsp 页面。

同步实训任务单

实训任务单	
任务名称	为留言板系统增加访问控制
训练要点	session 对象的使用
需求说明	在留言板系统中为后台管理页面增加访问控制
完成人		完成时间	
小提示	编写 dologin.jsp 页面，按照访问控制流程进行登录处理，使用 session 保存成功登录的用户对象，再转向后台管理页面（admin.jsp），代码参考例 2.9。在后台管理页面获取 session 中的用户对象并进行判断，若为空则进行登录，否则显示后台管理页面内容，代码参考例 2-10
实训步骤	

任务小结

在 JSP 中，session 内置对象用于存储有关用户会话的所有信息，一个用户对应一个 session，并且随着用户的离开 session 中的信息也会消失。访问控制就是通过 session 对象实现的。

任务 7　制作网站计数器

问题引入

在网站上经常可以见到网页计数器，用来统计网页被用户访问的次数。若要给留言板系统也增加网页计数器功能，该如何实现呢？

解决方法

在项目开发中经常使用 application 对象实现网页计数器。application 对象是 JSP 的内置对象，它类似于系统的全局变量，用于实现用户之间的数据共享。

知识链接

application 对象用于保存所有应用程序中的公有数据。它在服务器启动时自动创建，在服务器停止时销毁。与 session 对象不同的是，在 JSP 服务器运行时，仅有一个 application 对象，当 application 对象没有被销毁时，所有用户都可以共享该 application 对象。与 session 对象相同的是，application 对象也有 setAttribute( ) 和 getAttribute( ) 方法。

任务实施

每次访问页面时，先获取 application 对象中保存的访问次数。如果没有获取到，表示页面被第一次访问，将数字 1 保存到 application 对象中；如果获取到了，则将访问次数加 1，再次存储到 application 对象中，具体代码如清单 2-22 所示。

清单 2-22　application.jsp 代码

```jsp
<%@ page language="java" contentType="text/html; charset=UTF-8"
    pageEncoding="UTF-8"%>
<html>
<head>
<title> 网页计数器 </title>
</head>
<body>
<%
int num=0;    // 定义一个保存访问次数的变量
if(application.getAttribute("number")==null){// 当用户第一次访问时
num=1;
}
else {
num=Integer.parseInt(application.getAttribute("number").toString( ));
num=num+1; // 访问次数加 1
}
out.println(" 该页面已被浏览了 "+num+" 次！  ");
application.setAttribute("number",num);
%>
</body>
</html>
```

同步实训任务单

实训任务单	
任 务 名 称	简易讲座报名系统
训 练 要 点	application 对象的使用
需 求 说 明	编写 Java Web 程序，实现讲座报名。每次讲座有 100 个名额，每单击一次"报名"按钮，名额减少一个，当剩余名额为 0 时，再单击"报名"按钮，就会转向抱歉页面。系统运行效果如图 2-20～图 2-22 所示。 图 2-20 讲座报名首页　　图 2-21 进行报名 图 2-22 抱歉页面
完 成 人	完 成 时 间
小 提 示	编写报名页面，使用 appliction 保存初始数据 100，每单击一次"报名"按钮，数据减 1，当 application 里保存的数值变为 0 时，再单击"报名"按钮就要转到抱歉页面
实 训 步 骤	

任务小结

application 对象用于保存所有应用程序中的公有数据。在 JSP 服务器运行时，仅有一个 application 对象，当 application 对象没有被销毁时，所有用户都可以共享该 application 对象。

小　　结

1. JSP 页面由静态内容、指令、表达式、小脚本、声明、标准动作、注释等元素构成。
2. 在动态网页开发中，HTML 表单是与用户交互信息的主要手段。
3. 使用 JSP 处理表单请求时，一般遵循这样一种模式：
1）用户通过表单控件输入并提交信息。
2）JSP 页面获取表单数据，进行逻辑处理。
3）JSP 页面根据处理结果转向不同的结果页面。

4．所谓内置对象，就是由 Web 容器加载的一组类的实例，它不像一般的 Java 对象那样用 new 去获取实例，而是可以直接在 JSP 页面中使用的对象。

5．常用的内置对象见表 2-6。

表 2-6　常用的内置对象

对象	说明	常用方法
out	用于向客户端输出数据	println( )、print( )
request	用于客户端的请求处理	getParameter( )、getParameterValues( )、setCharacterEncoding( )、getRequestDispatcher( )
response	用于响应客户请求并向客户端输出信息	setCharacterEncoding( )、sendRedirect( )
session	用来存储有关用户会话的所有信息	setAttribute( )、getAttribute( )、removeAttribute( )、invalidate( )
application	类似于系统的全局变量，用于实现用户之间的数据共享	setAttribute( )、getAttribute( )

6．访问控制流程有两种，如图 2-23 和图 2-24 所示。

图 2-23　访问控制流程（一）

图 2-24　访问控制流程（二）

就 Web 开发来说，一个会话就是用户通过浏览器与服务器之间的一次通话，它包含浏览器与服务器之间的多层请求、响应过程。

习　题

一、填空题

1．JSP 中常用的内置对象有 request、response、session、application、out 等。其中，_____对象的生命周期为用户访问过程，_____对象的生命周期为站点运行的全过程，_____对象包含了一次请求中的所有信息，_____对象包含了响应请求的所有信息，_____对象用于输出其他对象信息。

2．客户端通过表单（Form）向服务器提交数据有两种方法：_____和_____。

3．通过调用 request 对象的 getParameter() 方法返回的数据类型为_____，通过调用 session 对象的 getAttribute() 方法返回的数据类型为_____，通过调用 application 对象的 getAttribute() 方法返回的数据类型为_____。

4．page 指令的_____属性指明想要引入的包和类。

5．_____指令可用于包含另一个文件。

二、选择题

1．下列选项中，（　　）是正确的且客户端无法查看到的 JSP 注释。
  A．<-- 注释 --> B．<!-- 注释 --> C．<%-- 注释 --> D．<%-- 注释 --%>

2．给定如下 JSP 代码，在横线处编写（　　）语句，可使程序运行后该页面的输出结果是 1。

```
<html>
<% int count =1;%>
_____
</html>
```

  A．<%=++count %>   B．<% ++count; %>
  C．<% count++; %>   D．<%=count++ %>

3．在 JSP 中，要在 page 指令中设置使用的脚本语言是 Java，且导入了 java.io 和 java.util 包，下列语句中正确的是（　　）。
  A．<%@ page language="java" import="java.io.*,java.util.*"%>
  B．<%@ page language="java" import="java.io, java.util "%>
  C．<%@ page language="java" import="java.io" import="java.util"%>
  D．<%@ page language="java"%>
    <%@ page import="java.io.*,java.util.*"%>

4．在 Web 应用程序中，编写了公共的处理页面，名为 manage.jsp，该页面包含在 Web 根目录下的 util 文件夹中，那么在 Web 根目录下的其他页面上引用该页面的代码，正确的是（　　）。
  A．<% include file="util/manage.jsp"%>
  B．<%@ include file="util/manage.jsp"%>
  C．<%! include file="util/manage.jsp"%>
  D．<include file="util/manage.jsp">

5．在 JSP 中，要定义一个方法，需要用到（　　）元素。
  A．<%= %>   B．<% %>   C．<%! %>   D．<%@ %>

6．在 JSP 页面中，下列（　　）表达式语句可以获取页面请求中名字为 title 的文本框的内容。
  A．<%=request.getParameter("title")%>
  B．<%=request.getAttribute("title")%>
  C．<%=request.getParameterValues("title")%>
  D．<%=request.getParameters("title")%>

7. 在用户登录的 JSP 页面上包含如下代码所示的表单，用户希望提交表单时在地址栏中不显示提交的信息，则应该在横线处填写的代码是（　　）。

```
<form action="loginAction.jsp" name="loginForm" method="_____">
    用户名：<input type="text" name="name"/><br>
    密码：<input type="password" name="pwd"/>
    <input type="submit" value=" 登录 "/>
</form>
```

A．get
B．post
C．不填写任何内容
D．以上选项均可

8. 试图运行如下 JSP 代码，以下说法正确的是（　　）。

```
<html>
<%
String str="hello ACCP";
session.setAttribute("title",str);
String getStr=session.getAttribute("title");
out.println(getStr);
%>
</html>
```

A．运行成功，页面上输出"hello ACCP"

B．运行成功，页面上输出"title"

C．代码行"session.setAttribute("title",str);"有错误，无法运行

D．代码行"String getStr=session.getAttribute("title");"有错误，无法运行

9. 启动 IE 运行如下 JSP，如果连续刷新 5 次，输出的结果是 X。紧接着重新打开一个新的 IE 窗口运行该 JSP，连续刷新 3 次，输出的结果是 Y。X 和 Y 的值分别是（　　）。

```
<%@ page contentType="text/html;charset=GBK"%>
<html>
<%
Integer cnt=(Integer)application.getAttribute("hitcount") ;
if(cnt= =null){
    cnt=new Integer(1);
}else{
    cnt=new Integer(cnt.intValue( )+1);
}
application.setAttribute("hitcount",cnt);
%>
<%=cnt%>
</html>
```

A．5、8
B．5、3
C．1、2
D．1、1

10. JSP 提供了一个可以在多个请求之间持续有效的内置对象（　　），该对象与浏览器一一对应。

A．request
B．response
C．session
D．application

11. 在 helloapp 应用中有一个 hello.jsp 文件，它的文件路径为 WebContent/hello/hello.jsp，那么在浏览器端访问 hello.jsp 的 URL 是（   ）。

    A．http://localhost:8080/hello.jsp

    B．http://localhost:8080/helloapp/hello.jsp

    C．http://localhost:8080/helloapp/hello/hello.jsp

    D．http://localhost:8080/hello/hello.jsp

12. 从 HTTP 请求中获得请求参数，应该调用（   ）。

    A．request 对象的 getAttribute( ) 方法

    B．request 对象的 getParameter( ) 方法

    C．session 对象的 getAttribute( ) 方法

    D．session 对象的 getParameter( ) 方法

13. 在 helloapp 应用中，hello.jsp 和 welcome.jsp 在同一目录中，index.jsp 在应用的根目录中。index.jsp 使用代码"request.getRequestDispatcher("/hello.jsp").forward(request,response);"可以跳转到 hello.jsp 页面。用下列（   ）代码代替上述代码后可以跳转到 welcome.jsp 页面。

    A．response.sendRedirect("/helloapp/welcome.jsp");

    B．response.sendRedirect("helloapp/welcome.jsp");

    C．response.sendRedirect("welcome.jsp");

    D．response.sendRedirect("/welcome.jsp");

14. 下面关于 JSP 作用域对象的说法错误的是（   ）。

    A．request 对象可以得到请求中的参数

    B．session 对象可以保存用户信息

    C．application 对象可以被多个应用共享

    D．作用域范围从小到大是 request、session、application

三、编程题

1. 编写 JSP 程序，计算 1+2+3+…+10 的和。

2. 编写静态页面用于输入年份，编写 JSP 用于判断该年是否是闰年。

3. 编写一个 JSP 页面，要求提供一个包含各职业名称的下拉列表框，让用户选择其职业，提交后，判断用户的职业是否是医生：如果是，则跳转进入一个欢迎页面；如果不是，则在页面上显示该用户的职业。

4. 编写一个 JSP 页面 luncknum.jsp，产生 0～9 之间的随机数作为用户的幸运数字，将其保存到会话中，并重定向到另一个页面 shownum.jsp，在该页面中将用户的幸运数字显示出来。提示：math 类的 random( ) 方法可生成 0.0～1.0 之间的随机数。

Java Web 数据库编程

模块简介

模块 2 开始了 Java Web 编程，了解了 JSP 内置对象，包括 out 对象、request 对象、response 对象、session 对象和 application 对象等，它们被广泛应用于获取客户端数据、输出信息、保存数据等操作中。

本模块将学习如何使用 MySQL 数据库管理系统进行数据管理，如何编写基本的 SQL 来管理表中的数据，如何使用 JDBC（Java 数据库连接技术）访问数据库、读/写数据库中的数据，如何使用集合完成数据存储和数据遍历，为构建 Web 数据库应用系统奠定基础。

学习导航

任务1 使用 MySQL 管理网络留言板系统数据

问题引入

MySQL 数据库已经安装并配置完成，如何使用它已成为开发者迫切需要解决的问题。

Java Web 应用开发职业技能等级（初级）所要求的3.1技能

解决方法

数据库和表的创建及维护都可以通过 MySQL 的界面工具 Navicat for MySQL 来实现，主要包括以下操作：

创建数据库；
创建、删除和修改表；
插入表数据；
备份和恢复数据库。

知识链接

1. MySQL 的发展历史

MySQL 是一个关系数据库管理系统，由瑞典的 MySQL AB 公司研发，目前属于 Oracle 公司。MySQL 作为流行的开源数据库管理系统，其发展历史大约有 40 年。

Michael Widenius（人们常称其 Monty）在 1979 年为 TcX 公司设计了一个叫作 Unireg 的报表工具，这就是 MySQL 的雏形。Monty 为满足客户的一个项目需求，毅然重新设计整个系统。

1995 年 5 月 23 日，MySQL 的第一个内部版本发行。1996 年，对外公布了官方正式发行版（3.11.1）。

1998 年，MySQL 能够运行在 Solaris、FreeBSD、Linux、Windows 95 和 Windows NT 等 10 多种操作系统之上。

1999 年，发布了包含事务型存储引擎 BDB 的 MySQL 3.23。

2000 年，MySQL 将许可改换成了 GPL 许可模式，也就是说，商业用户也无须再购买许可证，这为 MySQL 的迅速流行打下了基础。同年，芬兰公司 Heikki 开始接触 MySQL AB，尝试将 Heikki 的存储引擎 InnoDB 整合到 MySQL 数据库中。2001 年，推出了正式结合版 MySQL 4.0 Alpha 版本。

2004 年 10 月，发布了经典的 4.1 版本，MySQL 第一次支持子查询，支持 Unicode 和预编译 SQL 等功能。

2005 年 10 月，发布了具里程碑意义的 MySQL 5.0 版本。在 5.0 中加入了游标、存储过程、触发器、视图、查询优化及分布式事务等，实现了"正常数据库管理系统"应当拥有的一整套功能。至此，MySQL 明确地表现出向高性能数据库发展的步伐。2008 年初，Sun Microsystems 收购了 MySQL。2009 年 4 月，Oracle 收购了 Sun 公司，MySQL 转入 Oracle 门下。

2010 年 12 月，MySQL 5.5 发布，其主要新特性包括半同步的复制及对 SIGNAL/RESIGNAL 的异常处理功能的支持，InnoDB 存储引擎成为当前 MySQL 的默认存储引擎。

2. 关系数据库管理系统的特点

关系数据库管理系统（Relational Database Management System，RDBMS）的特点如下。

1）数据以表格的形式出现。
2）每行为各种记录名称。
3）每列为记录名称所对应的数据域。
4）许多的行和列组成一张表单。
5）若干的表单组成数据库。

3. MySQL 的特点

1）免费：MySQL 采用 GPL 许可，任何组织和个人，即使是使用在商业化产品中，只要符合 GPL 许可就都可以免费使用 MySQL，这大大降低了用户构建系统支付的软件许可成本。

2）开源：MySQL 作为 GPL 许可的开源软件，用户可以获取全部源代码，根据自己的需要添加或裁剪功能特性，同时也便于发现和修复安全漏洞，在灵活性和安全性上能够满足用户的特殊需求。

3）小巧方便：MySQL 体积小，即使是最新版本的 MySQL 安装包也只有数百兆大小，与 Oracle 和 SQL Server 等数据库动辄几 GB 大小的安装包比起来要轻便得多，对系统资源的占用也要少得多。

4）高性能、高可靠：MySQL 的核心程序采用完全的多线程编程，用多线程和 C 语言实现的 MySQL 能很容易地充分利用 CPU 提供更卓越的性能。MySQL 拥有一个非常快速而且稳定的基于线程的内存分配系统，可以持续使用而不必担心其稳定性，因此 MySQL 罕有宕机情况发生，具有极高的可靠性。

5）支持跨平台多语言：MySQL 支持 AIX、HP-UX、Solaris、*BSD、Linux、Windows 等多种操作系统，可以灵活地跨平台部署和迁移；提供多种 API，支持 C、C++、Java、PHP、Python、H5 等多种开发语言，对开发者友好。这些特性给用户系统的开发、部署及维护带来了极大的便利。

如今，MySQL 作为较流行的开源关系数据库，在 2024 年 4 月的 DB-Engines 数据库流行度排行中仅次于 oracle 位居次席，在所有开源数据库产品中排名第一。

任务实施

1. 创建数据库

创建数据库的必须是系统管理员或者是拥有 CREATE 权限的用户。在安装 MySQL 的过程中已经创建了系统管理员，名为 root，假设安装时设置的密码为 123456。

微课 12　使用 Navicat 创建、修改、删除数据库

【例3.1】创建一个数据库CJ。

创建数据库CJ的步骤如下。

1）创建连接。打开Navicat for MySQL，选择文件→新建连接→MySQL命令新建连接，如图3-1所示。如图3-2所示，在弹出的对话框中输入连接信息：输入连接名"MySQL57"，输入主机名或IP地址，输入用户名、密码等。单击"确定"按钮，就可创建连接名为"MySQL57"的连接。

2）创建cj数据库。右击连接名"MySQL57"，在弹出的快捷菜单中选择"新建数据库"命令，如图3-3所示。在弹出的对话框中，填写数据库信息，如图3-4所示。单击"确定"按钮后，CJ数据库就创建成功了。

图3-1 新建MySQL连接

图3-2 输入连接信息

图3-3 "新建数据库"命令

如果需要删除数据库，选中数据库后右击，在弹出的快捷菜单中选择"删除数据库"命令，如图 3-5 所示，在弹出的对话框中单击"确定"按钮即可。

图 3-4　填写数据库信息

图 3-5　"删除数据库"命令

2. 创建、删除和修改表

【例 3.2】在数据库 cj 中创建表 Persons。

在数据库中创建表的步骤如下。

1）展开 cj 数据库，选中"表"，单击右侧窗口中的"新建表"按钮，如图 3-6 所示。

图 3-6　创建表（一）

微课 13　使用 Navicat 创建、删除和修改表

2）在"栏位"中填写表的各列及数据类型，如图 3-7 所示。写完一栏后，单击"添加栏位"按钮，继续下一栏的填写。如果该栏为主键的话，可以选中该栏，单击"主键"按钮。如果该列是自动递增的，可以选中下面的"自动递增"复选框。

单击"保存"按钮，在弹出的对话框中输入表名 Persons，单击"确定"按钮。

图3-7 创建表（二）

说明：MySQL中的列类型有3种，即数值类、字符串类和日期/时间类。

（1）数值型

以下类型表示整型。

TINYINT：适合存储非常小的正整数。该类型所表示的数的范围为带符号整数 −128～127、不带符号整数 0～255。

SMALLINT：适合存储小整数。该类型所表示的数的范围为带符号整数 −32768～32767、不带符号整数 0～65535。

MEDIUMINT：适合存储中等大小的整数。该类型所表示的数的范围为带符号整数 −8388608～8388607、不带符号整数 0～16777215。

INT：适合存储标准整数。该类型所表示的数的范围为带符号整数 −2147483648～2147483647、不带符号整数 0～4294967295。

BIGINT：适合存储大整数。该类型所表示的数的范围为带符号整数 −9223372036854775808～9233372036854775807、不带符号整数 0～18446744073709551615。

声明整型数据列时，可以为它指定显示宽度 M（1～255），如 INT(5) 指定显示宽度为 5 个字符。如果没有给它指定显示宽度，MySQL 会为它指定一个默认值。

以下类型表示小数。

FLOAT：适合存储单精度浮点数。该类型所表示的数的范围为最小非零值 +−1.175494351E−38、最大非零值 +−3.402823466E+38。

DOUBLE：适合存储双精度浮点数。该类型所表示的数的范围为最小非零值 +−2.2250738585072014E−308、最大非零值 +−1.7976931348623157E+308。

DECIMAL（M，D）：以字符串形式表示的浮点数。它的取值范围可变，由 M 和 D 的值决定。

（2）日期时间型

DATE：表示日期型数据，支持的范围为 1000-01-01 ～ 9999-12-31。在 MySQL 中以"YYYY-MM-DD"格式显示 DATE 值。

DATETIME：表示日期时间型数据，支持的范围是 1000-01-01 00:00:00 ～ 9999-12-31 23:59:59。在 MySQL 中以"YYYY-MM-DD HH:MM:SS"格式显示 DATETIME 值。

TIME：表示时间类型，支持的范围是 -838:59:59 ～ 838:59:59。在 MySQL 中以"HH:MM:SS"格式显示 TIME 值。

YEAR[(2|4)]：表示年份数据，其格式为 2 位或 4 位，默认是 4 位格式。在 4 位格式中，允许的值是 1901 ～ 2155 和 0000；在 2 位格式中，允许的值是 70 ～ 69，表示 1970 年～ 2069 年。在 MySQL 中以"YYYY"格式显示 YEAR 值。

（3）字符串型

CHAR(M)[BINARY|ASCII|UNICODE]：表示固定长度的字符串，当保存时在右侧填充空格以达到指定的长度。其中，M 表示列长度，M 的取值范围是 0 ～ 255；BINARY 属性是指定列字符集的二元校对规则；可以为 CHAR 指定 ASCII 属性，表示该字段使用 Latin-1 字符集；也可以为 CHAR 指定 UNICODE 属性，表示该字段使用 UCS2 字符集。

VARCHAR(M)[BINARY]：表示变长字符串。其中，M 表示最大列长度，M 的取值范围是 0 ～ 65535。变长字符串是经常使用的一种数据类型。

BINARY(M)：表示固定二进制字节字符串，与 CHAR 类型类似。

TEXT：表示可变长度字符串，最多 65535 个字符。

BLOB：用于存储二进制文件的字段类型，最大 64KB。

【例 3.3】在数据库 cj 中删除 Persons 表。

选中要删除的表，在弹出的快捷菜单中选择"删除表"命令（见图 3-8），在打开的对话框中单击"确定"按钮即可删除该表。

【例 3.4】在数据库 cj 中修改表 Persons。

选中要修改的表，在弹出的快捷菜单中选择"设计表"命令，在打开的对话框中进行修改，修改完后单击"保存"按钮即可。

图 3-8 "删除表"命令

3. 操作表数据

下面以对 cj 数据库中的 Persons 表进行记录的插入、修改和删除操作为例，说明 Navicat for MySQL 操作表数据的方法。

【例 3.5】使用界面工具在表 Persons 中操作表数据。

在 Navicat for MySQL，双击 Persons 表，进入右侧数据窗口，如图 3-9 所示。在此窗口中表中的记录按行显示，每条记录占一行。在其中，可向表中插入记录，也可以删除和修改记录。窗口下方的 + 按钮表示增加一行数据，- 按钮表示删除选中行的数据，✔ 按钮表示保存数据，✘ 按钮表示清除数据。直接双击要修改的数据行，就可以修改数据，修改完后需要单击 ✔ 按钮保存数据。单击 ↻ 按钮可以查看插入数据后的 Persons 表。

微课 14 使用 Navicat 操作表数据

图 3-9　表数据窗口

> **注意**
> 1）在操作表数据时，若表的某列不允许为空值，则必须为该列输入值；若列允许为空值，那么可不输入该列值，在表格中将显示 NULL 字样。
> 2）输入数据时要防止出现不必要的空格，否则检索数据时可能会出现遗漏。
> 3）图片（BLOB 类型）的插入方法：单击 BLOB 类型列的文件夹图标，在弹出的文件夹选项中选择要插入的图片，单击"确定"按钮即可。图片的大小、格式要正确，一般 BLOB 类型的数据最大可为 64KB。

4. 导入和导出数据库

（1）导出数据库

【例 3.6】导出 cj 数据库。

打开 Navicat for MySQL，在 CJ 数据库上右击，在弹出的快捷菜单中选择"转储 SQL 文件"→"结构和数据"命令，如图 3-10 所示。在弹出的对话框中设置好保存位置，输入文件名，单击"保存"按钮，弹出"100%-转储 SQL 文件"对话框，如图 3-11 所示。单击"关闭"按钮，即可导出数据库到指定位置。

微课 15　使用 Navicat 导出数据库

图 3-10　导出数据库（一）

图 3-11　导出数据库（二）

素养小课堂

在使用数据库时要定期做好数据备份,以免数据丢失或损坏后需要花大量的时间和精力来弥补损失。

(2)导入数据库

【例 3.7】使用 SQL 文件恢复 cj 数据库。

打开 Navicat for MySQL,右击,选择"新建数据库"命令,名称一定和要导入的数据库的名称一样,字符集一般选择 UTF-8,单击"确定"按钮即可建好一个数据库。然后在新建的数据库上右击,选择"运行 SQL 文件"命令,如图 3-12 所示。在弹出的对话框中选择文件所在的路径,编码保持一致选择 UTF-8,如图 3-13 所示。单击"开始"按钮,弹出对话框提示导入数据库成功,如图 3-14 所示。可能在左侧列表中看不到导入的数据库相关表,选中数据库,右击,选择"刷新"命令即可看到数据库中的相关表了。

微课 16 使用 Navicat 导入数据库

图 3-12 导入数据库(一)

图 3-13 导入数据库(二)

图 3-14 导入数据库(三)

Java Web开发技术

同步实训任务单

实训任务单		
任务名称	创建留言板系统的数据库	
训练要点	MySQL数据库的相关操作	
需求说明	根据模块1中数据库的设计为留言板系统创建数据库及相关数据表	
完成人		完成时间
小提示	在MySQL中创建messageboard数据库;创建adminusers表,表结构见表3-1;创建message表,表结构见表3-2;向两张表中各插入若干测试数据;备份、恢复messageboard数据库	

表3-1 adminusers表结构

字段名称	数据类型	字段长度	说明
id	int	10	自动编号
uname	varchar	20	用户名
pwd	varchar	20	密码

表3-2 message表结构

字段名称	数据类型	字段长度	说明
id	int	50	自动编号
message	varchar	300	留言内容
author	varchar	20	留言者
posttime	varchar	20	留言发表时间

实训步骤	

任务小结

MySQL是一个关系数据库管理系统,它具有免费、开源、小巧方便、高性能、高可靠性及可跨平台使用等特点。使用Navicat for MySQL可以创建数据库、维护数据表,以及备份和还原数据库。

任务2 使用SQL操作网络留言板系统数据

问题引入

可以使用SQL来访问和操作数据库中的数据,那么SQL是什么?在MySQL中,如何使用SQL来管理数据库中的数据?

课证融通 Java Web应用开发职业技能等级(初级)所要求的3.2技能

解决方法

使用SQL数据操作语言来管理MySQL数据库数据,即增(INSERT)、删(DELETE)、改(UPDATE)、查(SELECT)语句。

知识链接

SQL是Structured Query Language(结构化查询语言)的缩写,是用于访问和处理数据库的标准的计算机语言。可以把SQL分为3类:数据操作语言(DML)、数据定义语言(DDL)和数据控制语言(DCL)。在应用程序开发中,数据操作使用得比较普遍,在SQL中数据操作语言主要是增、删、查、改,它们都有特定的语法。

创建数据库和表后,需要对表中的数据进行操作,如插入、删除和修改操作。

1. 插入数据

INSERT INTO语句用于向表格中插入新的行,INSERT语句一般不会产生输出。插入数据有以下几种方式:

插入完整的行;
插入指定的列;
插入多行。

微课17 使用insert语句插入表数据

(1)插入完整的行

语法1:

> INSERT INTO 表名称 VALUES (值1,值2,…)

存储到每列中的数据在VALUES子句中给出,对每列必须提供一个值,如果某列没有值,应该使用NULL值(假定表允许对该列指定空值)。各列必须以它们在表定义中出现的次序填充。

(2)插入指定的列

语法1比较简单,但并不安全,应该尽量避免使用。语法2提供了插入数据的另一种比较安全的方式。

语法2(指定所要插入数据的列):

> INSERT INTO 表名称 (列1,列2,…) VALUES (值1,值2,…)

语法2中,在表名称后面的括号里明确地给出了列名。在插入行时,MySQL将用VALUES子句中相应的值填入对应的列。VALUES中的第一个值对应于第一个指定的列名,第二个值对应于第二个列名,以此类推。

因为提供了列名,VALUES必须以其指定的次序匹配指定的列名,不一定按列出现在实际表中的次序。其优点是,即使表的结构发生了改变,此INSERT语句仍然能正确工作。

(3)插入多行

语法3:

> INSERT INTO 表名称 (列1,列2,…) VALUES (第1行值1,第1行值2,…),(第2行值1,第2行值2,…),…(第n行值1,第n行值2,…);

每组值用一对圆括号括起来,用逗号分隔各组。

2. 更新数据

UPDATE 语句用于更新(修改)表中的数据。

语法:

UPDATE 表名称 SET 列名称 = 新值 WHERE 列名称 = 某值

微课 18　使用 update 语句修改表数据

UPDATE 语句以 WHERE 子句结束,它告诉 MySQL 更新哪一行。若没有 WHERE 子句,MySQL 将会更新表中的所有行。在更新多个列时,只需要使用单个 SET 命令,每个"列 = 值"对之间用逗号分隔(最后一列之后不用逗号)即可。

3. 删除数据

DELETE 语句用于删除表中的行。

语法:

DELETE FROM 表名称 WHERE 列名称 = 值

微课 19　使用 delete 语句删除表数据

DELETE FROM 要求指定删除数据的表名,WHERE 子句过滤要删除的行。如果省略 WHERE 子句,则将删除表中所有的行,但是不删除表本身。

4. 数据查询语句

SELECT 语句是最经常使用的 SQL 语句,它的作用是从一个或多个表中选取(查询)数据。由 SQL 查询语句获得的结果被存放在一个结果集中。查询数据有以下几种方式:

微课 20　使用 select 语句查询表数据

选择指定的列查询;

查询全部列;

限制查询结果;

排序查询;

条件查询;

使用聚合函数查询;

分组查询。

(1)选择指定的列查询

语法:

SELECT 列名称 FROM 表名称

在选择多列时,列名之间要加上逗号,最后一个列名后不加。

(2)查询全部列

语法:

SELECT * FROM 表名称

给定一个通配符 *,则返回表中所有的列。列的顺序一般是列在表定义中出现的顺序。除非确实需要表中的每列,否则最好不使用 * 通配符。虽然使用通配符比较省事,不用明确列出所需的列,但检索不需要的列通常会降低检索和应用程序的性能。

(3) 限制查询结果

语法 1：

```
SELECT 列名称 FROM 表名称 LIMIT row_count
```

为了限制被 SELECT 语句返回的行数，可以使用 LIMIT 子句，row_count 表示显示的记录数。

语法 2：

```
SELECT 列名称 FROM 表名称 LIMIT offset, row_count
```

语法 2 表示返回从第 offset+1 条开始的 row_count 条记录。

(4) 排序查询

使用 ORDER BY 子句能明确地对 SELECT 语句检索出的数据进行排序。

语法：

```
SELECT 列名称 FROM 表名称 ORDER BY 列名
```

ORDER BY 子句默认按照升序对记录进行排序，若希望按降序对记录进行排序，可以使用 DESC 关键字。ORDER BY 子句可取一列或多列的名字，列名之间用逗号分开。

(5) 条件查询

WHERE 子句用于提供查询条件，它必须紧跟在 FROM 子句之后。

语法 1（比较运算）：

```
SELECT 列名称 FROM 表名称 WHERE 列 比较运算符 值
```

WHERE 子句中的比较运算符见表 3-3。

表 3-3 比较运算符

比较运算符	说　　明
=	等于
!=	不等于
>	大于
<	小于
>=	大于或等于
<=	小于或等于

语法 2（模式匹配）：

```
SELECT 列名称 FROM 表名称 WHERE 列名称 LIKE 搜索模式
```

LIKE 操作符用于在 WHERE 子句中搜索列中的指定模式。搜索模式有字面值、通配符，或两者组合构成的搜索条件。SQL 中的通配符可以替代一个或多个字符，表 3-4 列出了 SQL 中的通配符。

表 3-4 SQL 中的通配符

通　配　符	描　　述
%	替代一个或多个字符
_	仅替代一个字符
[charlist]	替代字符列中的任意单一字符
[^charlist] 或者 [!charlist]	替代不在字符列中的任意单一字符

语法 3（范围比较）：

用于范围比较的关键字有两个——BETWEEN 和 IN。当要查询的条件是某个范围时，可以使用 BETWEEN 关键字。BETWEEN…AND 会选取介于两个值之间的数据。这些值可以是数值、文本或日期。

> SELECT 列名称 FROM 表名称 WHERE 列名称 BETWEEN 值 1 AND 值 2

其中，值 1 不能大于值 2。NOT BETWEEN…AND 表示选取不在两个值之间的数据。

使用 IN 关键字可以指定一个值表，值表中列出所有可能的值，当与值表中的任意一个匹配时，即返回 TRUE，否则返回 FALSE。

> SELECT 列名称 FROM 表名称 WHERE 列名称 IN (值 1, 值 2, …, 值 n)

语法 4：

AND 和 OR 运算符用于基于一个以上的条件对记录进行过滤。AND 和 OR 可在 WHERE 子语句中把两个或多个条件结合起来。AND 是用在 WHERE 子句中的关键字，用来指示检索满足所有给定条件的行。OR 操作符与 AND 操作符不同，它指示 MySQL 检索匹配任意一个条件的行。

（6）使用聚合函数查询

SELECT 子句的表达式中还可以包含聚合函数。聚合函数的操作面向一系列的值，并返回一个单一的值。表 3-5 列出了常用的聚合函数。

表 3-5　MySQL 中常用的聚合函数

函　　数	说　　明
AVG( )	返回某列的平均值
COUNT( )	返回某列的行数
MAX( )	返回某列的最大值
MIN( )	返回某列的最小值
SUM( )	返回某列值之和

语法：

> SELECT 聚合函数名 (列名称) FROM 表

（7）分组查询

分组是在 SELECT 语句的 GROUP BY 子句中建立的，使用 HAVING 子句来过滤分组。GROUP BY 语句用于结合合计函数，根据一列或多列对结果集进行分组。GROUP BY 子句必须出现在 WHERE 子句之后、ORDER BY 子句之前。

语法：

> SELECT 列名称 , 聚合函数名 (列名称) FROM 表名称 [WHERE 列名称操作符值] GROUP BY 列名称 [HAVING 条件]

任务实施

【例 3.8】向 Persons 表中插入新的行。

> INSERT INTO Persons VALUES (1002,'Gates', 'Bill', 'Xuanwumen 10', 'Beijing')

例 3.8 的 SQL 语句高度依赖于表中列的定义次序，容易出错。

【例 3.9】向 Persons 表的指定列中插入数据。

```
INSERT INTO Persons (id_p,FirstName, LastName) VALUES (1003,'Jack','Wilson')
```

【例 3.10】向 Persons 表中插入多行数据。

```
INSERT INTO Persons (id_p,FirstName, LastName,City,Address) VALUES (1004,' 张 ',' 蓬蓬 ',' 上海 ',' 人民路 100 号 '), (1005,' 王 ',' 非 ',' 太仓 ',' 北京路 145 号 ');
```

插入数据后的 Persons 表如图 3-15 所示。

Id_P	LastName	FirstName	Address	City
1001	Carter	Thomas	Changan Street	Beijing
1002	Gates	Bill	Xuanwumen 10	Beijing
1003	Wilson	Jack	(Null)	(Null)
1004	蓬蓬	张	人民路100号	上海
1005	非	王	北京路145号	太仓

图 3-15 插入数据后的 Persons 表

> **小提示**：SQL 语句不区分大小写，因此 INSERT INTO 与 insert into 是相同的。许多 SQL 开发人员喜欢对所有 SQL 关键字使用大写，而对所有列和表名使用小写，这样做可使代码更易于阅读和调试。

【例 3.11】更新 Persons 表中某一行中的一列。

```
UPDATE Persons SET FirstName = 'Fred' WHERE LastName = 'Wilson'
```

【例 3.12】更新 Persons 表中某一行中的若干列。

```
UPDATE Persons SET Address = 'Zhongshan 23', City = 'Nanjing' WHERE LastName = 'Wilson'
```

更新后的 Persons 表如图 3-16 所示。

Id_P	LastName	FirstName	Address	City
1001	Carter	Thomas	Changan Street	Beijing
1002	Gates	Bill	Xuanwumen 10	Beijing
1003	Wilson	Fred	Zhongshan 23	Nanjing
1004	蓬蓬	张	人民路100号	上海
1005	非	王	北京路145号	太仓

图 3-16 更新后的 Persons 表

【例 3.13】删除 Persons 表中 City 为上海的行。

```
DELETE FROM Persons WHERE City=' 上海 '
```

删除后的 Persons 表如图 3-17 所示。

【例 3.14】在 Persons 表中查询 LastName 和 FirstName 列的内容。

```
SELECT LastName,FirstName FROM Persons
```

查询结果如图 3-18 所示。

Id_P	LastName	FirstName	Address	City
1001	Carter	Thomas	Changan Street	Beijing
1002	Gates	Bill	Xuanwumen 10	Beijing
1003	Wilson	Fred	Zhongshan 23	Nanjing
1005	非	王	北京路145号	太仓

图 3-17 删除后的 Persons 表

LastName	FirstName
Carter	Thomas
Gates	Bill
Wilson	Fred
非	王

图 3-18 查询指定的列

【例 3.15】查询 Persons 表中的所有列。

SELECT * FROM Persons

查询结果如图 3-19 所示。

Id_P	LastName	FirstName	Address	City
1001	Carter	Thomas	Changan Street	Beijing
1002	Gates	Bill	Xuanwumen 10	Beijing
1003	Wilson	Fred	Zhongshan 23	Nanjing
1005	非	王	北京路145号	太仓

图 3-19　查询所有列

【例 3.16】使用 LIMIT 子句查询 Persons 表的前两行。

SELECT * FROM Persons LIMIT 2

查询结果如图 3-20 所示。

Id_P	LastName	FirstName	Address	City
1001	Carter	Thomas	Changan Street	Beijing
1002	Gates	Bill	Xuanwumen 10	Beijing

图 3-20　使用 LIMIT 子句查询 Persons 表的前两行

【例 3.17】目前 Persons 表中有 4 行数据，使用 LIMIT 子句进行分页查询，每页显示 2 行，显示出第 2 页的数据。

SELECT * FROM Persons LIMIT 2,2

查询结果如图 3-21 所示。

Id_P	LastName	FirstName	Address	City
1003	Wilson	Fred	Zhongshan 23	Nanjing
1005	非	王	北京路145号	太仓

图 3-21　使用 LIMIT 子句进行分页查询

如果没有足够的行，MySQL 将只返回它能返回的那么多行。

【例 3.18】查询 Persons 表中的所有数据，按 FirstName 列降序排列。

SELECT * FROM Persons ORDER BY FirstName DESC

查询结果如图 3-22 所示。

图 3-22　按 FirstName 列降序排列

【例 3.19】查询 Persons 表中居住在城市 Beijing 的人。

SELECT * FROM Persons WHERE City='Beijing'

查询结果如图 3-23 所示。

图 3-23　查询居住在城市 Beijing 的人

SQL 使用单引号来包含文本值（大部分数据库系统也接受双引号）。如果是数值，请不要使用引号。

【例 3.20】查询 Persons 表中居住在以 N 字母开头的城市里的人。

SELECT * FROM Persons WHERE City LIKE 'N%'

查询结果如图 3-24 所示。

图 3-24　使用通配符进行查询

【例 3.21】在 Persons 表中选取 LastName 在 Carter 和 Wilson 之间的数据。

SELECT * FROM Persons WHERE LastName BETWEEN 'Carter' AND 'Wilson'

查询结果如图 3-25 所示。

图 3-25　使用 BETWEEN…AND 进行查询

【例 3.22】在 Persons 表中选取 LastName 是 Carter、Wilson 或 Gates 的数据。

SELECT * FROM Persons WHERE LastName IN('Carter','Wilson', 'Gates')

【例 3.23】在 Persons 表中查询 FirstName 为 Thomas 或 William 并且 LastName 为 Carter 的数据行。

SELECT * FROM Persons WHERE (FirstName='Thomas' OR FirstName='William') AND LastName='Carter'

查询结果如图 3-26 所示。

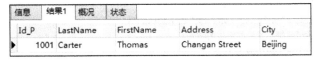

图 3-26　使用 AND、OR 操作符进行查询

【例 3.24】返回 Persons 表的总记录数。

SELECT count(*) AS 总记录数 FROM Persons

其中使用 AS 子句来定义查询结果的列的别名。聚合函数是高效的，它们返回结果的速度一般比在自己的客户机应用程序中计算的速度要快得多。

【例 3.25】 依据 City 列统计各城市拥有的人数。

SELECT City, count(id_p) AS 人数 FROM Persons GROUP BY City

同步实训任务单

实训任务单		
任务名称	SQL 实训	
训练要点	SQL 的使用	
需求说明	有一个"学生课程"数据库,其中包括 3 个表,见表 3-6～表 3-8。	

表 3-6 学生表(Student)结构

字段名称	数据类型	字段长度	说明
Sno	varchar	10	学号,关键字
Sname	varchar	20	学生名
Sgender	varchar	10	性别
Sage	int		年龄
Sdept	varchar	30	所在系

表 3-7 课程表(Course)结构

字段名称	数据类型	字段长度	说明
Cno	varchar	10	课程号,关键字
Cname	varchar	30	课程名
Cpno	varchar	10	先修课号
Ccredit	float		学分

表 3-8 成绩表(SG)结构

字段名称	数据类型	字段长度	说明
Sno	varchar	10	学号,关键字
Cno	varchar	10	课程号,关键字
Grade	float		成绩

用 SQL 语言实现以下功能:
使用 INSERT 语句为这 3 张表插入若干测试数据;
查询考试成绩不及格的学生的学号;
修改一个学生的年龄为 22;
统计男生人数,查询最大年龄;
计算某课程的平均成绩;
查询计算机系男同学的姓名(Sname)、性别(Sgender)、年龄(Sage)。

完成人		完成时间	
实训步骤			

任务小结

SQL 是 Structured Query Language（结构化查询语言）的缩写，是用于访问和处理数据库的标准的计算机语言。SQL 包括数据定义语言（CREATE 创建，ALTER 修改，DROP 删除表，DECLARE 声明），数据操作语言（SELECT 查询，DELECT 删除数据，UPDATE 更新，INSERT 插入），数据控制语言（GRANT 权限，REVOKE 取消，COMMIT 提交，ROLLBACK 回滚）。

在应用程序开发中数据操作语言比较常用。

MySQL 支持多种数据类型，大致可以分为 3 类：数值、日期／时间和字符串（字符）。

任务3　认识 Java Web 开发中连接数据库的方法

问题引入

对于大多数 Web 应用程序来说，存储和检索数据都是其核心功能，因此掌握数据库的编程已成为软件开发人员的必备技能。在对数据库进行编程时，首先需要建立与数据库的连接，Java Web 开发中是如何连接数据库进行数据处理的呢？

课证融通　Java Web 应用开发职业技能等级（初级）所要求的3.3.1 技能

解决方法

JDBC 是 Java Data Base Connectivity（Java 数据库连接）的简称。在 Java Web 开发中通过 JDBC 与数据库进行通信。在对数据库进行操作时，需要建立与数据库的连接。使用 JDBC 连接数据库的步骤如下。

微课21　连接数据库的步骤

1）加载 JDBC 驱动程序。
2）创建数据库的连接。
3）创建 Statement 实例。
4）执行 SQL 语句。
5）处理结果。
6）释放资源。

知识链接

1. JDBC 简介

JDBC 是一种 Java 数据库连接技术，能实现 Java 程序对各种数据库的访问。由一组用 Java 语言编写的类和接口组成，这些类和接口称为 JDBC API，它们位于 java.sql 及 javax.sql 包中。使用 JDBC 操作数据库，需要数据库厂商提供数据库的驱动程序。

从图 3-27 可以看到，JDBC 在 Java 程序与数据库之间起了一个桥梁的作用，有了 JDBC，Java 程序就可以方便地与各种数据库进行交互。

JDBC API 由 SUN 公司研发，提供了 Java 应用程序与各种不同数据库交互的标准接口，如 Connection（连接）接口、Statement 接口、PreparedStatement 接口、ResultSet 接口等，如图 3-28 所示。

JDBC API 主要做 3 件事：与数据库建立连接、发送 SQL 语句、处理结果。

图 3-27　Java 程序与数据库的交互　　　　图 3-28　JDBC API

1）DriverManager 类：负责依据数据库的不同，管理不同厂商的 JDBC 驱动。

2）Connection（连接）接口：负责连接数据库并担任传送数据的任务。

3）Statement 接口：由 Connection 产生，负责执行 SQL 语句。PreparedStatement 接口的作用同 Statement 接口类似。

4）ResultSet 接口：负责保存 Statement 执行后所产生的执行结果。

2. JDBC 驱动

JDBC 驱动程序由数据库厂商提供，解决应用程序与数据库通信问题，基本上分为 JDBC-ODBC Bridge、JDBC-Native API Bridge、JDBC-middleware 和 Pure JDBC Driver 这 4 种类型。其中，JDBC-ODBC Bridge 和 Pure JDBC Driver 是比较常用的。JDBC-ODBC Bridge 适用于个人开发和测试，它通过 ODBC 与数据库进行连接。Pure JDBC Driver 直接同数据库进行连接，适用于生产型开发。图 3-29 所示的是两种连接方式的示意。

图 3-29　两种常用的驱动方式

小提示

1）JDBC Driver Manager 由 SUN 公司提供，能够管理各种不同的 JDBC 驱动。

2）纯 Java 驱动方式由 JDBC 驱动直接访问数据库，驱动程序完全用 Java 语言编写，运行速度快，具备跨平台的特点。但这类 JDBC 驱动由各数据库厂商提供，因此访问不同的数据库需要下载数据库厂商提供的 JDBC 驱动程序 JAR 包，并将 JAR 放入工程中。例如，连接 MySQL 的 JDBC 驱动类的名称为 com.mysql.jdbc.Driver，连接 SQL Server 的 JDBC 驱动类的名称为 com.microsoft.sqlserver.jdbc.SQLServerDriver。

3）因 JDK 中已经包括了 JDBC-ODBC 桥连的驱动接口，在 JDBC-ODBC 桥连时，不需要下载 JDBC 驱动程序，只需要配置 ODBC 数据源即可。使用 JDBC-ODBC 桥连方式，JDBC 驱动类的名称为 sun.jdbc.odbc.JdbcOdbcDriver。

3. JDBC URL

JDBC URL 提供了一种标识数据库的方法，可以使相应的 JDBC 驱动程序能识别数据库并与之建立连接。JDBC URL 的标准语法由 3 部分组成，各部分之间用冒号分隔，如下：

jdbc: 子协议 : 数据源标识

> **小提示**
> 1）子协议：若是桥连接，则子协议为 odbc；若是纯 Java 驱动方式，则子协议为数据库管理系统的名称，例如，MySQL 是 mysql、SQL Server 是 sqlserver。
> 2）数据源标识：标记出数据库来源的地址与连接端口。

下面举例说明 MySQL 的连接 URL 为 jdbc:mysql://localhost:3306/messageboard。

其中，localhost 为本地计算机地址，也可以使用数据库服务器的 IP 地址或 DNS 代替 localhost；messageboard 为数据库名。

SQL Server 的连接 URL 为 jdbc:sqlserver://localhost:1433;DatabaseName= messageboard。

任务实施

1. 加载 JDBC 驱动程序

在连接数据库之前，先要加载相关数据库厂商提供的 JDBC 驱动类到 JVM（Java 虚拟机）。在 Java Web 开发中将厂商驱动包复制到 Web 项目的 WEB-INF/lib 目录下。

在代码模板中通过 java.lang.Class 类的静态方法 forName(String className) 实现加载 JDBC 驱动。如果系统中不存在给定的驱动类，则会引发 ClassNotFoundException 类型的异常。

加载 JDBC 驱动程序的代码为：

```
try {
    Class.forName("JDBC 驱动类的名称 ");
} catch (ClassNotFoundException e) {
    System.out.println("JDBC 驱动类未找到 !");
    e.printStackTrace( );
}
```

2. 创建数据库的连接

java.sql.DriverManager（驱动程序管理器）类是 JDBC 的管理层，负责建立和管理数据库的连接。可使用 DriverManager 类的 getConnection(String url,String user,String password) 方法建立与数据库的连接。此方法有 3 个入口参数，依次为要连接数据库的 URL、用户名和密码。该方法的返回值类型为 java.sql.Connection。

【例 3.26】使用 JDBC API 建立与本地 MySQL 中 messageboard 数据库的连接。

```
String url="jdbc:mysql://localhost:3306/messageboard";
String username="sa";
String password="123456";
try{
    Connection con=DriverManager.getConnection(url, username , password);
}catch(SQLException e){
    System.out.println(" 数据库连接失败 !");
    e.printStackTrace( );
}
```

3. 创建 Statement 实例

建立数据库连接的目的是与数据库进行通信，主要通过执行 SQL 语句的方式进行通信。要执行 SQL 语句，先要通过上面步骤生成的 Connection 实例创建 java.sql.Statement 实例。常用的 Statement 实例有以下几种类型。

1）Statement 实例：该类型的实例只能用来执行静态的 SQL 语句。具体实现代码为：

```
Statement stmt=con.createStatement( );
```

2）PreparedStatement 实例：该类型的实例增加了执行动态 SQL 语句的功能。动态 SQL 语句可以在 SQL 语句中提供参数，这样可以大大提高程序的灵活性和执行效率。

```
PreparedStatement pstmt=con.prepareStatement("select * frompersons where City=?");
```

3）CallableStatement 实例：该类型的实例增加了执行数据库存储过程的功能。

```
CallableStatement cstmt=con.prepareCall("{CALL demoSp(?,?)}");
```

以上三种类型中 Statement 是最基本的，PreparedStatement 继承了 Statement，并做了相应的扩展，而 CallableStatement 又继承了 PreparedStatement，继续进行了扩展，从而实现各自不同的功能。

4. 执行 SQL 语句

Statement 接口中包含很多基本的数据库操作方法，下面是执行 SQL 语句的 3 个方法。

int executeUpdate(String sql)：可以执行插入、删除、更新等操作，返回值是执行该操作所影响的行数。

boolean execute(String sql)：这是一个最为一般的执行方法，可以执行任意 SQL 语句，然后获得一个布尔值，表示是否返回 ResultSet。

ResultSet executeQuery(String sql)：可以执行 SQL 查询并获取到 ResultSet 对象。

> **小提示**　在实际开发过程中，如果涉及向 SQL 语句传递参数，最好使用 PreparedStatement 接口进行实现。PreparedStatement 接口直接继承并重载了 Statement 接口的方法，该接口用于执行动态的 SQL 语句。PreparedStatement 提供了 3 个执行方法：int executeUpdate( )、boolean execute( ) 和 ResultSet executeQuery( )，这 3 个方法的功能与对应的 Statement 接口相同，它们的区别是 PreparedStatement 的这 3 个方法中均不带任何参数。

5. 处理结果

执行 SQL 语句的结果可能会出现如下两种情况。

情况 1：执行 executeUpdate( ) 方法，返回的是本次操作影响到的记录数。

情况 2：执行 executeQuery( ) 方法，返回的结果是一个 ResultSet 对象。

比较复杂的是第 2 种情况，返回的 ResultSet 对象包含符合 SQL 语句中条件的所有行，一般通过 ResultSet 对象的 next( ) 方法获取当前数据行，并通过一套 getXxx( ) 方法对这些行中的数据进行访问。

常用的 getXxx( ) 方法有：getString( )、getInt( )、getShort( )、getLong( )、getByte( )、getFloat( )、getDouble( )、getBoolean( )、getDate( )、getTime( ) 和 getTimestamp( )。

ResultSet 对象具有指向其当前数据行的游标（cursor，也称为记录指针），最初它被置于第一行之前。next( ) 方法将游标移动到下一行，使其成为当前行，当 ResultSet 对象中没有下一行时返回 false，因而可以在 while 循环中使用它来迭代结果集。

【例 3.27】 处理查询 messageboard 数据库中 message 表的结果。

```
List list = new ArrayList( );
while(rs.next( )) {
    Message message = new Message( );
    message.setId(rs.getInt( "id" ));         // 将列数据设置为 message 对象的属性
    message.setMessage(rs.getString( "message" ));
    message.setAuthor(rs.getString( "author" ));
    message.setPostTime(rs.getString(4));     // 参数 4 代表数据行的第 4 列
    list.add(message);                         // 将具有初始值的 message 对象添加到 list 集合对象中
}
```

6. 释放资源

在建立 Connection、Statement（或 PreparedStatement）和 ResultSet 实例时，均需占用一定的数据库和 JDBC 资源，所以每次访问数据库结束后，应该及时销毁这些实例，释放它们占用的所有资源。这个可以通过各实例的 close( ) 方法完成。关闭的顺序是声明顺序的反序：

1）关闭 ResultSet 实例。
2）关闭 Statement（或 PreparedStatement）实例。
3）关闭 Connection 实例。

具体实现代码如下。

```
/* 如果 rs 不空，关闭 rs */
if(rs != null){
    try {
        rs.close( );
    } catch (SQLException e) {
        e.printStackTrace( );
    }
}
/* 如果 pstmt 不空，关闭 pstmt */
if(pstmt != null){
    try {
        pstmt.close( );
    } catch (SQLException e) {
        e.printStackTrace( );
    }
}
/* 如果 conn 不空，关闭 conn */
if(conn != null){
    try {
        conn.close( );
    } catch (SQLException e) {
```

```
        e.printStackTrace( );
    }
}
```

同步实训任务单

实训任务单	
任 务 名 称	读代码写连接数据库的步骤
训 练 要 点	掌握使用 JDBC 的方式连接数据库的步骤
需 求 说 明	请在下列给定的代码上标示出连接数据库的6个步骤。 `<%` 　　Connection con = null; 　　Statement stmt = null; 　　ResultSet rs = null; 　　try { 　　　　Class.forName("com.mysql.jdbc.Driver"); 　　　　con = DriverManager.getConnection("jdbc:mysql://localhost:3306/messageboard", "root", "123456"); 　　　　stmt = con.createStatement( ); 　　　　rs = stmt.executeQuery("select * from message"); while (rs.next( )) { `%>` 　　作者 :`<%=rs.getString("author")%> ` `<%=rs.getString("message")%> ` 发表时间：`<%=rs.getString("posttime")%><hr>` `<%` 　　} 　　} catch (ClassNotFoundException e) { 　　　　e.printStackTrace( ); 　　} catch (SQLException e) { 　　　　e.printStackTrace( ); 　　} finally { 　　　　if (rs != null) 　　　　　　rs.close( ); 　　　　if (stmt != null) 　　　　　　stmt.close( ); 　　　　if (con != null) 　　　　　　con.close( ); 　　} `%>`
完 成 人	完 成 时 间
实 训 步 骤	

任务小结

　　JDBC 由类和接口组成，Java Web 数据库编程需要 4 个主要的接口：Driver、Connection、Statement、ResultSet。这些接口定义了使用 SQL 访问数据库的一般架构。

使用 JDBC 连接数据库的步骤如下。
1）加载驱动程序。　　　　4）执行 SQL 语句。
2）连接数据库。　　　　　5）处理结果。
3）创建 Statement 实例。　6）释放资源。

任务 4　使用 Statement 处理网络留言板系统数据

问题引入

对于 Java Web 数据库编程，CRUD 是频率最高的操作，即表记录的增加、查询、修改和删除。前面学习了 JDBC 访问数据库的步骤，在具体开发中如何实现留言板系统中相关数据表的 CRUD 操作呢？

> 课证融通：Java Web应用开发职业技能等级（初级）所要求的3.3技能

解决方法

在获得数据库连接后，可以通过 Statement 对象执行增、删、改、查相关 SQL 语句实现对数据库中数据的操作。

知识链接

获取 Connection 对象之后就可以进行数据库操作了。使用 Connection 对象可以生成 Statement 实例。Statement 接口中包含很多基本的数据库操作方法，更新数据使用 executeUpdate(String sql) 方法，返回值是执行该操作所影响的行数。

查询数据使用 executeQuery(String sql) 方法，返回值是 ResultSet 对象。

任务实施

1. 添加数据

【例 3.28】实现网络留言板系统的发表留言功能。

发表留言功能的实现分为 4 个部分，见表 3-9。在发表留言页面填写留言，当留言发表成功后转向留言发表成功页面，否则转向错误页面，如图 3-30～图 3-32 所示。

微课 22　使用 Statement 添加数据

表 3-9　发表留言模块源文件列表

文　件	所 在 位 置	描　　述
index.jsp	\	发表留言页面
doadd.jsp	\	添加留言控制页面
addok.jsp	\	留言发表成功页面
error.jsp	\	显示错误信息页面

图 3-30　发表留言页面　　　图 3-31　留言发表成功页面　　　图 3-32　留言失败页面

素养小课堂

发表言论的时候也要注意不能触犯法律的底线。

不发表伤风败俗有碍伦理道德的言论。

不发表伤感民族感情的言论。

不发表煽动性言论。

不发表侮辱、诽谤他人的文字、图片或视频。

不要在网上散布谣言。

实现过程如下。

1）采用纯 Java 驱动方式访问 MySQL 数据库，需要下载 MySQL 的驱动程序，并将驱动程序的一个 JAR 文件 mysql-connector-java-5.1.10-bin.jar 复制到 Web 项目的 WEB-INF\lib 目录下。

2）编写 index.jsp，关键代码如清单 3-1 所示，其中放置发表留言的表单，表单提交到 doadd.jsp 页面进行处理。

清单 3-1　index.jsp 关键代码

```
<form method="post" action="doadd.jsp" onSubmit="return check( )">
<div class="f">
<p> 用户名
<input class="all" type="text" name="uname" />
</p>
<p> 留言信息
<label>
<textarea class="all" name="message" rows="5" cols="55" ></textarea>
</label>
</p>
<p><input type="submit" name="submitb" value=" 提交 " /></p>
</div>
</form>
```

3）编写 doadd.jsp，关键代码如清单 3-2 所示，该页面获取表单提交的数据，依据连接数据库的步骤将发表的留言信息添加到 message 表中，并根据数据操作结果进行页面跳转。

清单 3-2　doadd.jsp 关键代码

```jsp
<%@ page language="java" contentType="text/html; charset=GBK"
    pageEncoding="GBK" import="java.sql.*,javax.sql.*,java.util.Date,java.text.*"%>
<%
request.setCharacterEncoding("GBK");
String author=(String)request.getParameter("uname");
String messagestr=(String)request.getParameter("message");
Connection conn = null;                    // 数据库连接
Statement stmt = null;                     // 定义 Statement 对象
int row=0;                                 // 受影响的记录行数
try{
 Class.forName("com.mysql.jdbc.Driver");   // 加载驱动
/* 获得连接 */
conn=DriverManager .getConnection("jdbc:mysql://localhost:3306/messageboard","root","123");
 stmt=conn.createStatement( );             // 生成 Statement
String sql="insert into MESSAGE(message,author,postTime) values ('"+messagestr+"','"+author+"','"+new
SimpleDateFormat("yyyy-MM-dd").format(new Date( ))+"')";
 row=stmt.executeUpdate(sql);              // 执行 SQL 语句
}catch (ClassNotFoundException e) {        // 驱动未找到异常
         e.printStackTrace( );
     } catch (SQLException e) {            // SQL 异常
         e.printStackTrace( );
     } finally{                            // 关闭 JDBC 对象
         if(stmt != null){
             try { stmt.close( );} catch (SQLException e) {e.printStackTrace( );}
         }
         if(conn != null){
             try { conn.close( );} catch (SQLException e) {e.printStackTrace( );}
         }
     }
if(row>0)response.sendRedirect("addok.jsp");      // 插入成功转向 addok.jsp
else {
    session.setAttribute("error"," 添加失败！ ");   // 保存失败信息
response.sendRedirect("error.jsp");                // 插入失败转向 error.jsp
}
%>
```

在 message 表中，由于 id 值设置了自动编号，所以不需要插入 id 列。凡使用到 JDBC API 的页面，需要导入 java.sql.* 和 javax.sql.*，另外需要对两类异常——ClassNotFoundException 和 SQLException 进行处理。

4）编写 addok.jsp 和 error.jsp，关键代码分别如清单 3-3 和清单 3-4 所示。

清单 3-3　addok.jsp 关键代码

```jsp
<%@ page language="java" contentType="text/html; charset=UTF-8"
    pageEncoding="UTF-8"%>
<html>
<head>
```

```
<meta http-equiv="Content-Type" content="text/html; charset=UTF-8">
<title> 成功添加数据 </title>
</head>
<body>
成功添加 1 条数据！  <br>
<a href="index.jsp"> 继续发表留言 </a>
</body>
</html>
```

清单 3-4　error.jsp 关键代码

```
<% String errorinfo=session.getAttribute("error").toString( ); %>
<body>
<%= errorinfo %>
</body>
```

2. 删除数据

【例 3.29】实现网络留言板系统中的删除留言功能。

删除留言功能的实现分为 4 个部分，见表 3-10。删除留言页面中显示所有留言信息和删除超链接，单击超链接删除本条留言，删除成功转向删除留言成功页面，否则转向错误页面，如图 3-33 ～ 图 3-35 所示。

微课 23　使用 Statement 删除数据

表 3-10　删除留言模块源文件列表

文　件	所 在 位 置	描　　述
admin.jsp	\manager	删除留言页面
dodel.jsp	\manager	删除留言控制页面
delok.jsp	\manager	删除留言成功页面
error.jsp	\	显示错误信息页面

图 3-33　管理员删除留言页面（admin.jsp）

图 3-34　删除留言成功页面

图 3-35　显示错误信息页面

实现过程如下。

1）编写删除留言页面（admin.jsp）。关键代码详见清单 3-5。

清单 3-5　admin.jsp 关键代码

```jsp
<%@ page language="java" pageEncoding="GBK" import="javax.sql.*,java.sql.*"%>
<body>
<div align="center"><h3>管理留言 </h3></div>
<%Connection conn = null;                                // 数据库连接
Statement stmt = null;                                   // 定义 Statement 对象
ResultSet rs=null;                                       // 结果集对象
int i=0;
try{
 Class.forName("com.mysql.jdbc.Driver"); conn=DriverManager .getConnection("jdbc:mysql:
//localhost:3306/messageboard","root","123");
  stmt=conn.createStatement( );
  String sql="select * from message";
  rs=stmt.executeQuery(sql);
while (rs.next( )){
%>
<div class="all">
<div class="a1">作者：<%=rs.getString("author")%></div>
<div align="right"><%=i+1 %>#</div>
<div><%=rs.getString("message")%></div>
<div align="right"> 发表时间：<%=rs.getString("postTime") %></div>
<div align="right"><a href="dodel.jsp?id=<%=rs.getInt("id") %>"> 删除 </a></div>
</div>
<p>
<%
 i++;}
}catch (ClassNotFoundException e) {
            e.printStackTrace( );
        } catch (SQLException e) {
            e.printStackTrace( );
        } finally{
    if(rs != null){
      try { rs.close( );} catch (SQLException e) {e.printStackTrace( );}
         }
if(stmt != null){
    try { stmt.close( );} catch (SQLException e) {e.printStackTrace( );}
         }
    if(conn != null){
```

```
            try { conn.close( );} catch (SQLException e) {e.printStackTrace( );}
         }
      } %>
</body>
```

以上代码是在查询数据代码的基础上增加了删除超链接,即粗体部分。超链接传递当前行的 id 字段。

2)编写删除留言控制页面(dodel.jsp)。关键代码详见清单 3-6。该页面获取超链接传递的 id 参数,根据 id 号删除特定的数据行。

清单 3-6　dodel.jsp 关键代码

```
<%@ page language="java" contentType="text/html; charset=GBK" import="java.sql.*,javax.sql.*"
    pageEncoding="GBK" %>
<%
int id=Integer.parseInt(request.getParameter("id"));
Connection conn = null;                    // 数据库连接
Statement stmt = null;                     // 定义 Statement 对象
int row=0;                                 // 受影响的记录行数
try{
Class.forName("com.mysql.jdbc.Driver");
conn=DriverManager .getConnection("jdbc:mysql://localhost:3306/messageboard","root","123");
stmt=conn.createStatement( );
String sql="delete from MESSAGE where id="+id;
row=stmt.executeUpdate(sql);
}catch (ClassNotFoundException e) {
            e.printStackTrace( );
      } catch (SQLException e) {
            e.printStackTrace( );
      } finally{
            if(stmt != null){
                try { stmt.close( );} catch (SQLException e) {e.printStackTrace( );}
            }
            /* 如果 conn 不空,关闭 conn */
            if(conn != null){
                try { conn.close( );} catch (SQLException e) {e.printStackTrace( );}
            }
      }
if(row>0)response.sendRedirect("delok.jsp");
else {
session.setAttribute("error"," 删除失败! ");
response.sendRedirect("../error.jsp");
}
%>
```

3）编写删除留言成功页面（delok.jsp）。关键代码详见清单 3-7。

清单 3-7　delok.jsp 关键代码

```
<%@ page language="java" contentType="text/html; charset=UTF-8"
    pageEncoding="UTF-8"%>
<html>
<head>
<title> 成功删除数据 </title>
</head>
<body>
成功删除 1 条数据！  <br>
<a href="admin.jsp"> 继续删除留言 </a>
</body>
</html>
```

4）编写显示错误信息页面（error.jsp），即为例 3.28 中的清单 3-4。

3. 修改数据

【例 3.30】实现网络留言板系统的重设密码功能。

重置密码功能的实现分为 5 个部分，见表 3-11。在图 3-36 所示的找密码页面输入用户名，只有数据表中存在的用户才能设置新密码（见图 3-37），密码设置成功转向图 3-38 所示的页面。

表 3-11　重置密码模块源文件列表

文　件	所 在 位 置	描　　述
lost.jsp	\lost	找密码页面
dolost.jsp	\lost	设置新密码页面
updatelost.jsp	\lost	更新密码操作页面
updateok.jsp	\lost	更新密码成功页面
error.jsp	\	显示错误信息页面

图 3-36　找密码页面

图 3-37　输入新密码页面

图 3-38　密码更新成功页面

实现过程如下。

1）编写找密码页面（lost.jsp），包含输入用户名表单，表单数据提交至 dolost.jsp。关键代码如清单 3-8 所示。

清单 3-8 lost.jsp 关键代码

```
<FORM name="loginForm" action="dolost.jsp" method="post">
<br/> 请输入用户名以便找回密码  <INPUT class="input" type="text"maxLength="20" size="35" name="uName">
<br/><INPUT class="btn" type="submit" value=" 确定 ">  <INPUT class="btn" type="reset" value=" 重填 ">
</FORM>
```

2）编写 dolost.jsp，完成根据表单输入的用户名查询数据表，若存在该用户，显示设置新密码表单，进行新密码的设置，否则返回 lost.jsp。关键代码如清单 3-9 所示。

清单 3-9 dolost.jsp 关键代码

```
<%@ page language="java" contentType="text/html; charset=GBK" import="java.sql.*,javax.sql.*"
    pageEncoding="GBK"%>
<body>
<%
String uname=request.getParameter("uName");
Connection conn = null;                         // 数据库连接
Statement stmt = null;                          // 定义 Statement 对象
ResultSet rs=null;                              // 结果集对象
try{
 Class.forName("com.mysql.jdbc.Driver");
conn=DriverManager.getConnection("jdbc:mysql://localhost:3306/messageboard","root","123");
 stmt=conn.createStatement( );
 String sql="select * from adminusers where uname="+uname;   // 查询语句
 rs=stmt.executeQuery(sql);
 if (rs.next( )){
%>
<div align="center">
<DIV class="t" style="MARGIN-TOP: 15px" align="center">
    <FORM name="loginForm" action="updatelost.jsp"method="post">
    <br/> 用     户     名  
    <INPUT class="input" type="text" maxLength="20" size="35" name="uName"
    value="<%=rs.getString(2) %>"readonly>
        <br/> 请输入新密码  <INPUT class="input" type="password" maxLength="20" size ="35"
        name="upass">
        <br/><INPUT class="btn" type="submit" value=" 确定 ">
    </FORM>
</DIV></div>
<%
else{response.sendRedirect("lost.jsp") ;}
}catch (ClassNotFoundException e) {
            e.printStackTrace( );
        } catch (SQLException e) {
            e.printStackTrace( );
        } finally{
```

```
            if(rs != null){
                try { rs.close( );} catch (SQLException e) {e.printStackTrace( );}
            }
            if(stmt != null){
                try { stmt.close( );} catch (SQLException e) {e.printStackTrace( );}
            }
            if(conn != null){
                try { conn.close( );} catch (SQLException e) {e.printStackTrace( );}
            }
        } %>
</body>
```

3）编写 updatelost.jsp。关键代码如清单 3-10 所示。

清单 3-10 updatelost.jsp 关键代码

```
<%@ page language="java" contentType="text/html; charset=GBK" import="java.sql.*,javax.sql.*"
     pageEncoding="GBK"%>
<%
String uname=request.getParameter("uName");
String pwd=request.getParameter("upass");
Connection conn = null;                  // 数据库连接
Statement stmt = null;                   // 定义 Statement 对象
int row=0;
try{
 Class.forName("com.mysql.jdbc.Driver");
 conn=DriverManager .getConnection("jdbc:mysql://localhost:3306/messageboard","root","123");
 stmt=conn.createStatement( );
/* 根据用户名更新密码的 SQL 语句 */
 String sql="update adminusers set pwd='"+pwd+"' where uname='"+uname+"'";
 row=stmt.executeUpdate(sql);
 }catch (ClassNotFoundException e) {
            e.printStackTrace( );
        } catch (SQLException e) {
            e.printStackTrace( );
        } finally{
            if(stmt != null){
                try { stmt.close( );} catch (SQLException e) {e.printStackTrace( );}
            }
            if(conn != null){
                try { conn.close( );} catch (SQLException e) {e.printStackTrace( );}
            }
        }
if(row>0) response.sendRedirect("updateok.jsp");
else {
session.setAttribute("error"," 更新密码失败！ ");
response.sendRedirect("../error.jsp");
}
%>
```

4）编写 updateok.jsp。关键代码如清单 3-11 所示。

清单 3-11　updateok.jsp 关键代码

```
<%@ page language="java" contentType="text/html; charset=UTF-8"
    pageEncoding="UTF-8"%>
<html>
<head>
<title>成功更新密码 </title>
</head>
<body>
成功更新密码 <br>
<a href="ogin.jsp"> 请登录 </a>
</body>
</html>
```

5）编写 error.jsp，参见例 3.28 中的清单 3-4。

4. 查询数据

【例 3.31】实现网络留言板系统的查看留言功能。

在留言显示页面中显示所有留言信息，包括留言内容、发表时间、发表者等，如图 3-39 所示。

图 3-39　显示所有留言的页面

实现过程：修改 index.jsp 代码，增加查询 message 表中所有数据的相关代码。关键代码如清单 3-12 所示。

清单 3-12　index.jsp 关键代码

```jsp
<%@ page language="java" pageEncoding="GBK" import="javax.sql.*,java.sql.*"%>
<body>
<div align="center"><h3>访客留言板 </h3></div>
<%Connection conn = null;                    // 数据库连接
Statement stmt = null;                       // 定义 Statement 对象
ResultSet rs=null;                           // 结果集对象
int i=0;
 try{
 Class.forName("com.mysql.jdbc.Driver");     // 加载驱动
 /* 获得连接 */
 conn=DriverManager .getConnection("jdbc:mysql://localhost:3306/messageboard","root","123");
 stmt=conn.createStatement( );               // 生成 Statement 对象
 String sql=" select * from message" ;
 rs=stmt.executeQuery(sql);                  // 执行查询获得结果集
 while (rs.next( )){                         // 以下是结果集处理，显示当前行数据
%>
<div class="all">
<div class="a1"> 作者：<%=rs.getString("author")%></div>
<div align="right"><%=i+1 %>#</div>
<div><%=rs.getString(" message" )%></div>
<div align="right"> 发表时间：<%=rs.getString("postTime") %></div>
</div>
<p>
<%
 i++;}
}catch (ClassNotFoundException e) {         // 处理可能出现的驱动类未找到异常
            e.printStackTrace( );
       } catch (SQLException e) {           // 处理可能出现的 SQL 异常
             e.printStackTrace( );
       } finally{// 关闭 JDBC 对象
             if(rs != null){
                  try { rs.close( );} catch (SQLException e) {e.printStackTrace( );}
             }
             if(stmt != null){
                  try { stmt.close( );} catch (SQLException e) {e.printStackTrace( );}
             }
             if(conn != null){
                  try { conn.close( );} catch (SQLException e) {e.printStackTrace( );}
             }
       } %>
```

使用 JDBC 查询数据与添加数据的步骤基本相同，都是按照连接数据库的 6 个步骤进行的，但是在执行查询数据操作后需要通过一个对象来装载查询结果集，这个对象就是 ResultSet。获取到 ResultSet 对象后即可通过移动光标定位到查询结果中的指定行，然后通过

ResultSet 对象提供的一系列 getter 方法来获取当前行的数据，获取的数据类型要与数据表中的字段类型相对应，否则将抛出 SQLException 异常。

同步实训任务单

实训任务单	
任务名称	完成网站中用户注册及登录功能
训练要点	会使用 JDBC 的方式连接数据库 会使用 Statement 执行数据表操作
需求说明	通过注册页面，填写注册信息，并将用户注册信息保存到数据库中，数据表见例 3.2 的表 Persons。若注册成功转向成功页面，若注册失败转向失败页面
完成人	完成时间
实训步骤	

任务小结

更新数据可使用 Statement 接口的 executeUpdate(String sql) 方法，其中参数是静态 SQL 语句，返回值是执行该操作所影响的行数。可以通过返回值来判断是否成功更新数据。

查询数据可使用 executeQuery(String sql) 方法，返回值是 ResultSet 对象。

任务 5 使用 PreparedStatement 高效处理数据

问题引入

前面使用 Statement 对象执行静态的 SQL 语句实现了 CRUD 操作，但静态 SQL 语句比较烦琐，不灵活，易写错。为提高程序的灵活性和效率，可以通过 PreparedStatement 对象执行动态的 SQL 语句来实现。那么动态的 SQL 语句如何写？如何使用 PreparedStatement 对象处理数据呢？

课证融通　Java Web 应用开发职业技能等级（初级）所要求的3.3技能

解决方法

在数据库连接后，创建 PreparedStatement 对象，然后用动态 SQL 语句中的参数赋值，最后使用 PreparedStatement 对象执行增、删、查、改相关动态 SQL 语句，实现对数据的操作。

微课 24　使用 PreparedStatement 处理数据

知识链接

INSERT INTO MESSAGE(message,author,postTime) values (?,?,?)，这就是一条动态SQL语句，

简洁，可读性强，使用占位符"?"来代替 SQL 语句（前面任务中使用 Statement 时执行的）中的参数。

Statement 与 PreparedStatement 的用法比较见表 3-12。

表 3-12　Statement 与 PreparedStatement 的用法比较

项目	使用 Statement	使用 PreparedStatement
SQL 语句	String sql="insert into MESSAGE(message,author,postTime) values ('"+messagestr+"','"+author+"','"+new SimpleDateFormat("yyyy-MM-dd").format(new Date())+"')";	String sql="insert into MESSAGE(message,author,post-Time) values (?,?,?)";
对象创建	stmt=con.createStatement( );	ptmt=con.prepareStatement(sql);
参数赋值	不需要	需要通过 setXxx( ) 方法给参数赋值，对于不同类型的参数可以使用不同类型的 setXxx( ) 方法。 ptmt.setString(1,messagestr);

执行	增、删、改操作：
	stmt.executeUpdate(sql);
	查询操作：
	stmt.executeQuery(sql);
		增、删、改操作：
		ptmt.executeUpdate( );
		查询操作：
		ptmt.executeQuery( );

用法复杂	简单	复杂
适用情况	单次执行	重复执行多次

任务实施

1. 更新数据

增加、删除、修改数据表中的数据在 JDBC 中都称为更新数据，它们的编码基本相似，仅动态 SQL 语句不同。下面以添加数据为例来详细说明 PreparedStatement 对象的使用方法。

【例 3.32】使用 PreparedStatement 对象完成例 3.28 的发表留言功能。

实现过程：修改例 3.28 中的清单 3-2 doadd.jsp 代码，见清单 3-13。

清单 3-13　修改后的 doadd.jsp 关键代码

```
<%@ page language="java" contentType="text/html; charset=GBK"
    pageEncoding="GBK" import="java.sql.*,javax.sql.*,java.util.Date,java.text.*"%>
<html>
<head>
<meta http-equiv="Content-Type" content="text/html; charset=GBK">
<title>Insert title here</title>
</head>
<body>
<%
request.setCharacterEncoding("GBK");
String author=(String)request.getParameter("uname");
String messagestr=(String)request.getParameter("message");
Connection conn  = null;                        // 数据库连接
```

```
PreparedStatement pstmt = null;                    // 定义 PreparedStatement 对象
int row=0;                                          // 受影响的记录行数
try{
    Class.forName("com.mysql.jdbc.Driver");        // 加载驱动
/* 获得连接 */
conn=DriverManager.getConnection("jdbc:mysql://localhost:3306/messageboard", "root", "123");
String sql="insert into MESSAGE(message,author,postTime) values (?,?,?)";
pstmt = conn.prepareStatement(sql);                // 生成 PreparedStatement 对象
pstmt.setString(1, messagestr);                    // 为第一个参数赋值，String 型
pstmt.setString(2, author);
pstmt.setString(3, new SimpleDateFormat("yyyy-MM-dd").format(new Date( )));
row=pstmt.executeUpdate( );                        // 执行 SQL 语句
}catch (ClassNotFoundException e) {                // 驱动未找到异常
        e.printStackTrace( );
    } catch (SQLException e) {                     //SQL 异常
        e.printStackTrace( );
    } finally{                                     // 关闭 JDBC 对象
        if(pstmt != null){
            try { pstmt.close( );} catch (SQLException e) {e.printStackTrace( );}
        }
        if(conn != null){
            try { conn.close( );} catch (SQLException e) {e.printStackTrace( );}
        }
    }
if(row>0)response.sendRedirect("addok.jsp");       // 插入成功转向 addok.jsp
else {
session.setAttribute("error"," 添加失败！ ");        // 保存失败信息
response.sendRedirect("error.jsp");                // 插入失败转向 error.jsp
}
%>
</body>
</html>
```

清单中粗体代码部分为修改后的，可见在执行 PreparedStatement 对象之前，必须设置每个？处参数的值，通过 setXxx( ) 方法给参数赋值，对于不同类型的参数可以使用不同类型的 setXxx( ) 方法。如果参数是整型，可以使用 setInt()；如果参数是 String 型，可以使用 setString()。setXxx( ) 方法的第一个参数是要设置的参数的序数位置（序数位置从 1 开始），第二个参数是设置给该参数的值。

2. 查询数据

【例 3.33】使用 PreparedStatement 完成网络留言板系统的管理员登录功能。

管理员登录功能的实现分为 4 个部分，见表 3-13。管理员进入登录页面，输入用户名

和密码，提交表单数据，若用户名和密码输入正确则进入留言管理页面（admin.jsp），否则返回登录页面。

表 3-13 登录模块源文件列表

文 件	所 在 位 置	描 述
login.jsp	\	管理员登录页面
doLogin.jsp	\	登录控制页面
admin.jsp	\manager	留言管理页面
doLogout.jsp	\manager	注销登录处理页面

实现过程如下。

1）编写 login.jsp。详见清单 3-14。

清单 3-14 login.jsp 关键代码

```
<FORM name="loginForm" onSubmit="return check( )" action="doLogin.jsp" method="post">
<br/>用户名  <INPUT class="input" type="text" maxLength="20" size="35" name="uName">
<br/>密　码  <INPUT class="input" type="password" maxLength="20" size="40" name="uPass">
<br/><INPUT class="btn" type="submit" value=" 登录 "><INPUT class="btn" type="reset" value=" 重填 ">
<a href="lost/lost.jsp"> 忘记密码 </a>
</FORM>
```

2）编写 doLogin.jsp，完成数据库查询操作。详见清单 3-15。

清单 3-15 doLogin.jsp 关键代码

```
<%@ page language="java" pageEncoding="GBK"
    import="java.sql.*,javax.sql.*,entity.*"%>
<%
request.setCharacterEncoding("GBK");
String uName = request.getParameter("uName");      // 取得请求中的登录名
String uPass = request.getParameter("uPass");      // 取得请求中的密码
Connection conn = null;                            // 数据库连接
PreparedStatement pstmt = null;                    // 声明 PreparedStatement 对象
ResultSet rs=null;                                 // 结果集对象
User user=new User( );                             // 定义用户对象
 try{
    Class.forName("com.mysql.jdbc.Driver");
conn=DriverManager .getConnection("jdbc:mysql://localhost:3306/messageboard","root","123");
    String sql="select * from adminusers where uname=?";
    pstmt = conn.prepareStatement(sql);            // 获取 PreparedStatement 对象
    pstmt.setString(1, uName);
    rs=pstmt.executeQuery( );
```

```
if(rs.next()){
user.setId(rs.getInt(1));
    user.setName(rs.getString(2));
    user.setPassword(rs.getString(3));
        }
        } catch (ClassNotFoundException e) {
            e.printStackTrace();
        } catch (SQLException e) {
            e.printStackTrace();
        } finally{
            if(rs != null){
                try { rs.close();} catch (SQLException e) {e.printStackTrace();}
        }
            if(pstmt != null){
                try { pstmt.close();} catch (SQLException e) {e.printStackTrace();}
        }
            if(conn != null){
                try { conn.close();} catch (SQLException e) {e.printStackTrace();}
        }
    }
if( user!=null && user.getPassword().equals(uPass) ) {
    session.setAttribute("loginuser", user);          // 将登录的用户存放在 session 中
    response.sendRedirect("manager/admin.jsp");
} else {
    response.sendRedirect("login.jsp");
}
%>
```

3）修改 admin.jsp，增加注销登录超链接。详见清单 3-16。

清单 3-16　修改后的 admin.jsp 关键代码

```
<%@ page language="java" pageEncoding="GBK" import="javax.sql.*,java.sql.*,entity.*"%>
<%User user=(User)session.getAttribute("loginuser");   // 获取用户对象
if(user==null)response.sendRedirect("login.jsp");       // 未登录的情况
%>
<body>
<div align="center"><h3> 管理留言 </h3></div>
<%Connection conn = null;                              // 数据库连接
Statement stmt = null;                                 // 定义 Statement 对象
ResultSet rs=null;                                     // 结果集对象
int i=0;
try{
 Class.forName("com.mysql.jdbc.Driver");
```

```
conn=DriverManager.getConnection("jdbc:mysql://localhost:3306/messageboard","root","123");
stmt=conn.createStatement( );
String sql="select * from message";
rs=stmt.executeQuery(sql);
while (rs.next( )){
%>
<div align="right"><a href="doLoginout.jsp"> 注销登录 </a></div>
<div class="all">
<div class="a1"> 作者：<%=rs.getString("author")%></div>
<div align=" right" ><%=i+1 %>#</div>
<div><%=rs.getString("message")%></div>
<div align="right"> 发表时间：<%=rs.getString("postTime") %></div>
<div align="right"><a href="dodel.jsp?id=<%=rs.getInt("id") %>"> 删除 </a></div>
</div>
<p>
<%
i++;}
}catch (ClassNotFoundException e) {
                e.printStackTrace( );
        } catch (SQLException e) {
                e.printStackTrace( );
        } finally{
    if(rs != null){
    try { rs.close( );} catch (SQLException e) {e.printStackTrace( );}
        }
if(stmt != null){
    try { stmt.close( );} catch (SQLException e) {e.printStackTrace( );}
        }
    if(conn != null){
    try { conn.close( );} catch (SQLException e) {e.printStackTrace( );}
        }
    } %>
</body>
```

代码中的粗体部分为新增的超链接，由 doLoginout.jsp 完成注销登录操作。

4）编写 doLoginout.jsp，将 session 中的登录用户移除，实现注销登录功能。详见清单 3-17。

清单 3-17　doLoginout.jsp 关键代码

```
<%@ page language="java" contentType="text/html; charset=UTF-8"
    pageEncoding="UTF-8"%>
<%
 if(session.getAttribute("loginuser")!=null)
 session.removeAttribute("loginuser");
 response.sendRedirect("../login.jsp"); %>
```

同步实训任务单

实训任务单	
任务名称	使用 PreparedStatement 对象实现留言管理及重置密码功能
训练要点	会使用 JDBC 的方式连接数据库 会使用 PreparedStatement 对象执行数据表操作 会使用 ResultSet 对象处理查询结果
需求说明	使用 PreparedStatement 对象实现例 3.29 中删除留言及例 3.30 中重置密码的功能
完成人		完成时间	
小提示	使用 PreparedStatement 对象的基本过程为创建 PreparedStatement →对参数赋值→执行
实训步骤	

任务小结

动态 SQL 简洁，可读性强，使用占位符？来代替 SQL 语句中的参数。

PreparedStatement 继承自 Statement，PreparedStatement 比 Statement 使用起来更灵活、高效。

小 结

1．SQL 是 Structured Query Language（结构化查询语言）的缩写，是用于访问和处理数据库的标准的计算机语言。

INSERT 语句：用于向表格中插入新的行。

UPDATE 语句：用于更新（修改）表中的数据。

DELETE 语句：用于删除表中的行。

SELECT 语句：用于从一个或多个表中选取（查询）数据，是最经常使用的 SQL 语句。

2．JDBC 是 Java DataBase Connectivity（Java 数据库连接）的简称，提供连接各种常用数据库的功能。

3．Java Web 数据库编程的基本步骤：

1）引入相关包。

2）把 JDBC 驱动类装载入 Java 虚拟机中。

3）加载驱动，并与数据库建立连接。

4）发送 SQL 语句，并得到结果集。

5）处理结果。

6）异常处理。

7）释放资源。

4. PreparedStatement 继承自 Statement，PreparedStatement 比 Statement 使用起来更灵活、更有效率。

使用 PreparedStatement 的基本过程：

1）创建 PreparedStatement。

2）对参数赋值。

3）执行。

习 题

一、填空题

1. JDBC 的核心接口有 DriverManager、Connection、Statement 和 ResultSet，它们都在 java.sql 包中。其中 DriverManager 负责加载各种不同的_____；Connection 负责与_____间的通信，SQL 语句执行及事务处理都是在某个特定的 Connection 环境中进行；Statement 用以执行_____；ResultSet 表示数据库查询的_____，它是一张抽象的表。

2. 将数据集 ResultSet 移到下一条的方法是_____。

3. SQL 语句中的通配符"%"表示_____，"_"表示_____。

二、选择题

1. 在 Java 中开发 JDBC 应用程序时，使用 DriverManager 类的 getConnection( ) 方法建立与数据源连接，具体语句为

Connection con = DriverManager.getConnection("jdbc:odbc:test");

URL 连接中的"test"表示的是（   ）。

    A．数据库中表的名称   B．数据库服务器的名称

    C．数据源的名称   D．用户名

2. 假定已经获得一个数据库连接，使用变量 con 来表示。下列语句中能够正确获得结果集的是（   ）。

    A．Statement stmt=con.createStatement( );

       ResultSet rs=stmt.executeQuery("SELECT * FROM Table1");

    B．Statement stmt=con.createStatement("SELECT * FROM Table1 ");

       ResultSet rs=stmt.executeQuery( );

    C．PreparedStatement stmt=con.prepareStatement( );

       ResultSet rs=stmt.executeQuery("SELECT * FROM Table1");

    D．PreparedStatement stmt=con.prepareStatement("SELECT * FROM Table1");

       ResultSet rs=stmt.executeQuery( );

3. 要执行 str="delete from customer" 语句，假设 Statement 对象 stmt，下列执行 SQL 语句的正确代码是（　　）。

  A．stmt.executeQuery(str)   B．stmt.executeUpdate(str)

  C．stmt.executeSelect(str)   D．stmt.executeDelete(str)

4. 在 Java 语言中，已知 con 为已经建立的数据库连接对象，则下列（　　）是正确的 JDBC 代码片段。

  A．PreparedStatement pstmt = con.prepareStatement("insert into EMP (EMPNO,ENAME) values (?,?)");

    pstmt.setInt(1,7);

    pstmt.setString(2, "Admin");

  B．PreparedStatement pstmt = con.prepareStatement("insert into EMP (EMPNO,ENAME) values (?,?)");

    pstmt.setInt(1, "7");

    pstmt.setString(2, "Admin");

  C．Statement stmt = con.createStatement("insert into EMP (EMPNO,ENAME) values (7, 'Admin') ");

  D．PreparedStatement stmt1 = con.prepareStatement("insert into EMP (EMPNO,ENAME) values (7, 'Admin') ");

5. 下列不属于 JDBC 基本功能的是（　　）。

  A．与数据库建立连接   B．提交 SQL 语句

  C．处理查询结果   D．数据库维护管理

6. 在 Java 中，JDBC API 定义了一组用于与数据库进行通信的接口和类，它们包括在（　　）包中。

  A．java.lang   B．java.sql

  C．java.util   D．java.math

7. 在 Java 中，使用 JDBC 开发应用程序时处理步骤正确的是（　　）。

  A．①加载数据库驱动；②执行 SQL 命令；③创建数据库连接；④处理结果

  B．①加载数据库驱动；②创建数据库连接；③执行 SQL 命令；④处理结果

  C．①创建数据库连接；②加载数据库驱动；③执行 SQL 命令；④处理结果

  D．①创建数据库连接；②执行 SQL 命令；③加载数据库驱动；④处理结果

三、编程题

使用 JSP 编写一个学生成绩查询系统。具体要求如下：

1）打开首页，显示查询表单，页面如图 3-40 所示。

2）要求学号不能为空，使用 JavaScript 进行验证，如图 3-41 所示。

3）输入学号和科目后，单击"查询"按钮将查询该学生该科目的成绩。若只输入学号不输入科目，将查询该学生所有科目的成绩，如图 3-42 所示。

4）查询无结果的页面如图 3-43 所示，单击"重新查询"超链接回到首页。

图3-40 查询首页

图3-41 未输入学号查询时弹出提示对话框

图3-42 查询学生所有科目的成绩

图3-43 查询无结果页面

模块 4

Java Web 基础阶段实训

模块简介

通过前面阶段的学习，掌握了 JSP 基本语法、JSP 内置对象、Java Web 数据库编程这些 Java Web 基础技术。本模块为 Java Web 基础综合实训，即使用前面所学技能构建简单的 Web 数据库应用系统。

学习导航

模块 4 Java Web 基础阶段实训

- 技能目标
  - 会使用指令、脚本和表达式实现页面的动态显示
  - 会使用 JavaScript 脚本进行 DOM 编程
  - 会使用 JDBC 操作数据库
- 知识目标
  - 掌握 JSP 语法
  - 掌握 JSP 内置对象的使用
  - 了解 JavaScript 脚本编程
  - 掌握 Java Web 数据库编程技术
- 工作任务
  - 实现 IT 新闻资讯系统
  - 实现会议室预订系统

任务 1　实现 IT 新闻资讯系统

问题引入

IT 新闻资讯系统使用 MySQL 作为后台数据库，该系统具有显示数据库中的所有新闻信息和删除新闻信息两大功能。如何实现该系统？

解决方法

打开 IT 新闻资讯系统首页，以列表方式显示所有新闻信息。程序运行界面如图 4-1

所示。选择要删除的新闻,单击"删除"按钮后可以删除新闻,也可以选择多个需要删除的新闻,实现批量删除。在执行删除新闻操作前,使用 JavaScript 脚本判断用户是否选择了需要删除的新闻,如图 4-2 所示。当用户选择了需要删除的新闻后,使用 JavaScript 脚本确认是否删除,如图 4-3 所示。当用户单击"确定"按钮后执行删除操作,如图 4-4 所示,否则不执行。

图 4-1 系统首页

图 4-2 判断是否选择了需要删除的新闻

图 4-3 确认是否删除

图 4-4 删除后的新闻列表

任务实施

1)创建数据库和数据表(见表 4-1),并且添加测试数据(至少 3 条)。

表 4-1 数据表 news

字段名称	字段说明	类型	备注
id	新闻 id	int	自增,主键
title	标题	varchar	
content	内容	text	
begintime	发表时间	datetime	
username	作者	varchar	

2)编写 index.jsp 文件。

①按照图 4-1 进行页面设计,并使用 CSS 进行美化。

②编写 JSP 小脚本实现查询 news 表中数据,并按照图 4-1 显示。

③编写 JavaScript 脚本。首先,判断用户是否选择了需要删除的新闻。当用户选择了需要删除的新闻后,使用 JavaScript 脚本确认是否删除。当用户单击"确定"按钮后执行删除操作,否则不执行。

相关 JavaScript 代码提示:

```
<script language="javascript">
function checkdel( ){
var allCheckBoxs=document.getElementsByName("newsid");
var flag=false;
for(i=0;i<allCheckBoxs.length;i++){
if(allCheckBoxs[i].type=="checkbox"){
if(allCheckBoxs[i].checked){
flag=true;
break;
}
}
}
if(!flag){
alert(" 请选择要删除的记录! ");
return false;
}
else{
if(confirm(" 确定要删除吗? ")) frm.submit( );
}
}
</script>
…
<input type="button" value=" 删除 " onClick="checkdel( )">
```

3)编写 dodel.jsp 文件。编写 JSP 小脚本获取表单提交的新闻 id,根据 id 删除数据表中的数据,删除成功转向 index.jsp,删除失败转向 error.jsp。

4)编写 error.jsp 文件,显示删除失败信息。

任务 2 实现会议室预订系统

问题引入

会议室预订系统使用 MySQL 作为后台数据库,该系统包括会议室信息的显示和会议室预订两大功能。如何实现该系统?

解决方法

打开会议室预定系统，首页显示全部会议室信息并按日期倒序排序，如图 4-5 所示。

图 4-5 显示会议室信息

单击"预订"超链接，进入会议室预订页面，如图 4-6 所示。

图 4-6 预订会议室

填写会议室预订信息，并通过 JavaScript 对输入项进行验证，如果输入信息为空则不允许添加，如图 4-7 所示。

图 4-7 输入验证

提交预订信息至处理会议室预订页面。如信息添加成功则给出成功提示，如图 4-8 所示，单击"确定"按钮后跳转至显示会议室信息页面，并显示最新的会议室信息，如图4-9所示；如信息添加失败则给出失败提示，单击"确定"按钮后返回预订会议室页面，重新预订。

图4-8　预订成功提示

图4-9　预订成功显示最新会议室信息

任务实施

1）创建数据库和数据表（见表4-2），并且添加测试数据（至少3条）。

表4-2　数据表destineinfo

字段名称	字段说明	类　型	备　注
id	编号	int	自增，主键
room_name	会议室名称	varchar	
destine_time	预订日期	varchar	
destine_name	预订人	varchar	

2）编写index.jsp文件。

①按照图4-5进行页面设计，并使用CSS进行美化。

②编写JSP小脚本实现查询destineinfo表中数据并按照图4-5显示。

③单击"预订"超链接后打开会议室预订页面，如图4-6所示。

3）编写 addroom.jsp 文件。

①按照图 4-6 进行页面设计，并使用 CSS 进行美化。

②编写 Javascript 脚本对输入项进行非空验证。

相关 JavaScript 代码提示：

```javascript
<script language="javascript">
function login(frm1){
if(frm1.dtime.value==""&&frm1.dname.value=="")  //dtime dname 为输入框名称
{
alert(" 预订日期和预订者不能为空，请填写 !");
frm1.focus( );
return false;
}
if(frm1.dtime.value=="")
{
alert(" 预订日期不能为空，请填写 !");
frm1.focus( );
return false;
}
if(frm1.dname.value=="")
{
alert(" 预订者不能为空，请填写 !");
frm1.focus( );
return false;
}
}
</script>
...
<form name="frm1" action="doadd.jsp" method="post" onSubmit="return login(this)">
```

4）编写 doadd.jsp 文件。保存成功或者失败后显示相应提示信息，并跳转至相应页面。

相关 JavaScript 代码提示：

```javascript
<script type='text/javascript'>alert(' 会议室预订成功。');location.href='index.jsp'</script>
```

阶段 2　Java Web 进阶

　　阶段 2 是 Java Web 的提高阶段，此阶段主要由 Java Web 应用优化、Java Web 开发业务应用、Servlet 技术基础、Servlet 高级、MVC 开发模式，Java Web 进阶阶段实训几个模块构成。在本阶段中，将理解分层架构，初步掌握分页、文件上传下载、图表显示组件技术，认识 Servlet 编程技术及 MVC 模式。本阶段采用项目贯穿、模块化、任务驱动的方式组织学习内容。

模块 5

Java Web 应用优化

模块简介

在 Java Web 基础阶段,系统学习了 Java Web 编程准备、JSP 页面组成元素、JSP 内置对象和 Java Web 数据库编程技术,基本掌握了使用 Java 开发动态网站的技术,已经能够开发简单的 Web 应用系统。但是在编写的网页文件中嵌入了大量 Java 代码,这样不利于代码的维护和更新。通过本模块的学习,可以了解软件设计分层模式,使用三层架构实现 Web 应用系统,从而实现 Java Web 应用优化。

学习导航

任务 1　认识软件设计分层架构

问题引入

通过第一阶段的 Java Web 基础技能学习,已经能够编写简单的 Web 应用系统,但是在网页中有大量的数据库代码与 JSP 代码混杂在一起,阅读起来非常不清晰。一旦程序引用发生变化,这些代码就无法继续使用,必须要进行修改。业务功能代码与页面显示代码分离能避免发生此类问题,提高软件开发效率。那么,如何使页面中的 JSP 业务功能代码与页面显示代码分离,提高代码的重用性呢?

微课 25　认识软件设计分层架构

解决方法

良好的软件架构设计能提高软件开发效率,分层模式是最常见的一种架构模式,它将解决方案的组件分隔到不同的层中,实现功能代码与页面显示的分离。

知识链接

1. 软件设计分层模式

分层模式可以这样定义:将解决方案的组件分隔到不同的层中。每一层中的组件应保持内聚性,每一层都应与它下面的各层保持松耦合。一般来说,小型系统一般三层就够了,复杂系统可以分更多的层。

2. 三层架构

在分层架构中使用最成熟的是三层架构,"三层"是指表示层、业务逻辑层、数据访问层,如图 5-1 所示。

1)表示层位于最外层(最上层),最接近用户,用于显示数据和接收用户输入的数据,为用户提供一种交互式操作界面。表示层一般为 Web 应用程序,以 JSP 文件、HTML 文件为主。

2)业务逻辑层的主要功能是提供对业务逻辑处理的封装。在业务逻辑层中通常会定义一些接口,表示层通过调用业务逻辑层的接口来实现各种操作,如数据有效性的检验、业务逻辑描述等。在规范化编程中,业务逻辑层通常放在 .biz 包中。

3)数据访问层也称持久层,其主要是负责数据库的访问,可以访问数据库系统、二进制文件、文本文档或 XML 文档。在规范化编程中,数据访问层通常放在 .dao 包中。

3. 层与层之间的关系

在三层架构中,各层之间相互依赖:表示层依赖于业务逻辑层,业务逻辑层依赖于数据访问层。各层之间的数据传递方向分为请求与响应两个方向,如图 5-2 所示。

图 5-1 三层系统的分层式结构

图 5-2 数据传递方向

表示层接收用户的请求,根据用户的请求通知业务逻辑层;业务逻辑层收到请求,首先对请求进行阅读审核，然后将请求通知数据访问层或直接返回给表示层；数据访问层收到请求后便开始访问数据库。

数据访问层通过对数据库的访问得到请求结果，并把请求结果通知业务逻辑层；业务逻辑层收到请求结果，先对请求结果进行阅读审核，然后将请求结果通知表示层；表示层收到请求结果并把结果展示给用户。

4. 分层架构的优点

分层架构的设计体现了"高内聚，低耦合"的思想，其优点有：

开发人员可以只关注整个结构中的某一层；

可以很容易地用新的实现来替换原有层次的实现；

可以降低层与层之间的依赖；

有利于标准化；

利于各层逻辑的复用；

结构更加明确；

在后期维护时，极大地降低了维护成本和维护时间。

任务实施

下面以实现用户登录功能为例，一起来认识表示层，业务逻辑层和数据访问层，见表5-1。

表5-1 认识登录功能实现中的各层

分层名称	作用	表现形式

表示层	用于显示数据和接收用户输入的数据，为用户提供一种交互式操作界面	▲ 📂 manager
		    📄 admin.jsp
		    📄 doLogin.jsp
		    📄 login.jsp

业务逻辑层	提供对业务逻辑处理的封装。在规范化编程中，业务逻辑层通常放在 .biz 包中	▲ ⊞ ch5.biz
		  ▲ 📄 AdminUserBiz.java
		    ▲ ⓘ AdminUserBiz
		      ⚬ login(adminUser) : boolean
		▲ ⊞ ch5.biz.impl
		  ▲ 📄 AdminUserBizImpl.java
		    ▲ ⓒ AdminUserBizImpl
		      ⚬ login(adminUser) : boolean

数据访问层	主要负责数据库的访问，可以访问数据库系统、二进制文件、文本文档或 XML 文档。在规范化编程中，数据访问层通常放在 .dao 包中	▲ ⊞ ch5.dao
		  ▲ 📄 AdminUserDao.java
		    ▲ ⓘ AdminUserDao
		      ⚬ findUser(String) : adminUser
		▲ ⊞ ch5.dao.impl
		  ▲ 📄 AdminUserDaoImpl.java
		    ▲ ⓒ AdminUserDaoImpl
		      △ con
		      △ pstmt
		      △ rs
		      ⚬ findUser(String) : adminUser

同步实训任务单

实训任务单	
任务名称	识别Web项目中各分层
训练要点	分层开发中各层的识别

需求说明	在以下Web工程结构中识别出表示层、业务逻辑层和数据访问层
	
	▲ 🗁 message
	  ▷ 🗁 .settings
	  ▷ 🗁 build
	  ▲ 🗁 src
	    ▷ 🗁 ch5
	    ▲ 🗁 ch6
	      ▲ 🗁 biz
	        📄 ChartsBiz.java
	      ▲ 🗁 dao
	        📄 ChartsDao.java
	      ▲ 🗁 entity
	        📄 MyCharts.java
	      ▲ 🗁 util
	        📄 BaseDao.java
	        📄 FusionChartXMLUtil.java
	  ▲ 🗁 WebContent
	    ▷ 🗁 ch03
	    ▷ 🗁 ch5
	    ▲ 🗁 ch6
	      ▷ 🗁 Charts
	      ▷ 🗁 Data
	      ▷ 🗁 Includes
	      📄 ColumnData.jsp
	      📄 index.jsp
	      📄 SimpleChart.jsp

完成人	完成时间
实训步骤	

任务小结

分层结构是目前复杂应用系统开发时普遍使用的模式，分层模式是将解决方案的组件分隔到不同的层中。

三层模式是软件架构中最常见的一种分层模式。三层架构具体划分为以下三层。

1）表示层：用于向用户展示与交互。

2）业务逻辑层：提供对业务逻辑处理的封装。

3）数据访问层：主要实现对数据的保护和读取操作。

任务 2　使用分层架构实现网络留言板系统的管理员登录

问题引入

三层架构有许多的优点，将网络留言板系统用三层架构进行优化，该如何实现分层呢？

微课 26　分层架构的应用

解决方法

按照以下步骤进行分层架构开发。
1）创建数据访问层：创建 VO 类，定义 DAO 接口，定义 DAO 真实主题实现类。
2）创建业务逻辑层：定义业务逻辑控制接口，定义业务逻辑实现类。
3）创建表示层：编写 JSP 页面文件。

知识链接

在应用程序系统中实现分层开发，可以带来很多便利。设计分层架构时，需要遵循以下原则。

1. 上层依赖下层，依赖关系不跨层

表示层作为顶层，依赖于其下一层的业务逻辑层，只有通过业务逻辑层才能得到正确的内容并在表示层页面中显示，而不能直接访问数据访问层。同时，上一层调用下一层所得到的执行结果，完全取决于下一层中的代码实现，上一层无法进行控制。

2. 下一层不能调用上一层

以三层为例，顶层是表示层，最底层是数据访问层，中间是业务逻辑层。数据访问层不能调用业务逻辑层，业务逻辑层不能调用表示层。

3. 下一层不依赖上一层

对于下一层来说，上一层的改变不会对其产生任何影响。比如表示层不管如何改变，不会影响业务逻辑层的实现；业务逻辑层不管如何变化，数据访问层本质上还是实现数据的增/删/查/改操作。

4. 在上一层中不能出现下一层的概念

使用分层架构的一个优点就是在系统中，各个功能分工明确。在某一层中不会出现其下一层的任何内容。简单来说就是在业务逻辑层中，只能有用于业务逻辑控制的代码，而不能出现数据库访问层中才有的 SQL 语句，确保层次间的关系清晰。

任务实施

1. 创建 VO 类

VO（Value Object）即值对象，主要用来封装数据库表的字段。一个 VO 类对象表示一条记录。

管理员登录模块需要使用到 adminuser 表，根据表的字段创建对应的 VO 类 AdminUser。详见清单 5-1。

清单 5-1　AdminUser.java 代码

```java
package entity;
public class AdminUser {
    private int id;
    private String uname;
    private String pwd;
    public int getId() {
        return id;
    }
    public void setId(int id) {
        this.id = id;
    }
    public String getUname() {
        return uname;
    }
    public void setUname(String uname) {
        this.uname = uname;
    }
    public String getPwd() {
        return pwd;
    }
    public void setPwd(String pwd) {
        this.pwd = pwd;
    }
}
```

2. 定义 DAO 接口

在定义 DAO 接口之前，必须对业务进行详细分析，清楚地知道每个表在整个系统中应该具备何种功能，从而把与数据库访问相关的业务提取出来，创建一个用户访问数据库的接口 UserDao，在接口中声明查找用户的方法。详见清单 5-2。

清单 5-2　UserDao.java 代码

```java
package dao;
import entity.AdminUser;
public interface AdminUserDao {
    public AdminUser findUser(String uName);    // 根据用户名查找，返回用户
}
```

3. 定义 DAO 真实主题实现类

在前面编写的 CRUD 操作中都需要建立数据库连接和释放资源，为了便于管理，提高代码的复用性，可以建立一个 BaseDao 类，专门负责建立数据库连接并执行关闭操作。详见

清单 5-3。

清单 5-3 BaseDao 类代码

```java
package util;
import java.sql.*;
public class BaseDao {
    public final static String driver = "com.mysql.jdbc.Driver";
    public final static String url = "jdbc:mysql://localhost:3306/messageboard";   // url
    public final static String dbName = "root";
    public final static String dbPass = "123";
    static private Connection conn = null;
    static private PreparedStatement pstmt = null;
    static private ResultSet  rs = null;
    /**
     * 得到数据库连接
     * @throws ClassNotFoundException
     * @throws SQLException
     * @return 数据库连接
     */
    public static Connection getConn( ) throws ClassNotFoundException, SQLException{
        Class.forName(driver);
        return DriverManager .getConnection(url,dbName,dbPass);
    }


    /**
     * 释放资源
     * @param conn 数据库连接
     * @param pstmt PreparedStatement 对象
     * @param rs 结果集
     */
    public static void closeAll( Connection conn, PreparedStatement pstmt, ResultSet rs ) {
        /* 如果 rs 不空，关闭 rs */
        if(rs != null){
           try { rs.close( );} catch (SQLException e) {e.printStackTrace( );}
        }
        /* 如果 pstmt 不空，关闭 pstmt */
        if(pstmt != null){
           try { pstmt.close( );} catch (SQLException e) {e.printStackTrace( );}
        }
        /* 如果 conn 不空，关闭 conn */
        if(conn != null){
           try { conn.close( );} catch (SQLException e) {e.printStackTrace( );}
        }
    }
}
```

真实主体实现类主要负责具体的数据库操作，在操作时为了安全，将使用 PreparedStatement 接口完成。编写 AdminUserDao 接口的实现类 AdminUserDaoImpl。详见清单 5-4。

清单 5-4　AdminUserDaoImpl.java 代码

```java
package dao.impl;
import java.sql.*;
import javax.sql.*;
import dao.AdminUserDao;
import util.BaseDao;
import entity.*;
public class AdminUserDaoImpl implements AdminUserDao {
    Connection conn = null;                          // 数据库连接
    PreparedStatement pstmt = null;                  // 创建 PreparedStatement 对象
    ResultSet rs = null;                             // 创建结果集对象
    public AdminUser findUser(String uName){
        String sql="select * from adminusers where uname=?";
        AdminUser user=new AdminUser( );
        try {
            conn  = BaseDao.getConn( );              // 获取数据库链接
            pstmt = conn.prepareStatement(sql);      // 获取 PreparedStatement 对象
            pstmt.setString(1, uName);
            rs=pstmt.executeQuery( );
            while(rs.next( )){
                user.setId(rs.getInt(1));
                user.setUname(rs.getString(2));
                user.setPwd(rs.getString(3));
            }
        } catch (ClassNotFoundException e) {
            e.printStackTrace( );
        } catch (SQLException e) {
            e.printStackTrace( );
        } finally{
            BaseDao.closeAll(conn, pstmt, rs);
        }
        return user;
    }
}
```

4. 定义业务逻辑控制接口

按照三层架构开发模式，还需要编写业务逻辑层，将所有的业务逻辑封装到业务逻辑层中。编写业务逻辑控制接口。详见清单 5-5。

清单 5-5 AdminUserBiz.java 代码

```java
package biz;
import entity.*;
public interface AdminUserBiz {
    public boolean login(AdminUser user);
}
```

5. 定义业务逻辑实现类

编写实现 AdminUserBiz 接口的具体实现类 AdminUserBizImpl。详见清单 5-6。

清单 5-6 AdminUserBizImpl.java 代码

```java
package biz.impl;
import dao.AdminUserDao;
import dao.impl.AdminUserDaoImpl;
import entity.AdminUser;
import biz.AdminUserBiz;
public class AdminUserBizImpl implements AdminUserBiz {
    public boolean login(AdminUser user) {
        boolean valid=false;
        AdminUserDao aud=new AdminUserDaoImpl( );
        AdminUser u=aud.findUser(user.getUname( ));
        if(u.getPwd( ).equals(user.getPwd( ))) valid=true;
        return valid;
    }
}
```

6. 编写 JSP 页面文件

修改清单 3-15 doLogin.jsp 代码，通过调用业务逻辑来实现用户登录验证。详见清单 5-7。

清单 5-7 使用三层架构修改后的 doLogin.jsp 代码

```jsp
<%@ page language="java" pageEncoding="GBK"
    import="entity.*,biz.*,biz.impl.*"%>
<%
request.setCharacterEncoding("GBK");
String  uName= request.getParameter("uName");      // 取得请求中的登录名
String  uPass= request.getParameter("uPass");      // 取得请求中的密码
AdminUser u=new AdminUser( );
u.setUname(uName);
u.setPwd(uPass);
AdminUserBiz  ub = new AdminUserBizImpl( );
if( ub.login(u) ) {
    session.setAttribute("user", u);
```

```
        response.sendRedirect("manager/admin.jsp");
    } else {
        response.sendRedirect("login.jsp");
    }
%>
```

同清单 3-15 doLogin.jsp 代码相比，使用三层架构使 JSP 页面上不再需要编写烦琐的数据库连接代码，页面变得清晰得多。由此实现了将程序代码按照其各自所发挥的作用进行划分，页面展示、业务处理、数据访问各功能分工明确，在业务实现时只需要关注本模块的实现即可。

同步实训任务单

实训任务单	
任务名称	使用分层架构实现重置密码
训练要点	在应用程序中使用三层模式 理解层与层之间的依赖关系
需求说明	使用三层架构思想优化网络留言板系统中的重置密码模块
完成人	完成时间
小提示	1. 完善 AdminUserDao 数据访问接口，编写更新用户方法 2. 完善 AdminUserDaoImpl 实现类，实现更新用户方法 3. 完善 AdminUserBiz 业务逻辑接口，编写修改密码方法 4. 完善 AdminUserBizImpl 实现类，实现修改密码方法 5. 编写 JSP 页面文件调用业务逻辑类
实训步骤	

任务小结

使用分层架构进行开发时，需要遵循"上层依赖其下层，依赖关系不跨层；下一层不能调用上一层；下一层不依赖上一层；上一层中不能出现下一层的概念"这些原则。

小 结

1. 分层结构是目前复杂应用系统开发时普遍使用的模式，分层模式是将解决方案的组件分隔到不同的层中。

2. 三层模式是软件架构中最常见的一种分层模式。三层架构具体划分为以下三层。

1）表示层：用于用户展示与交互。

2）业务逻辑层：提供对业务逻辑处理的封装。

3）数据访问层：主要实现对数据的保护和读取操作。

3. 分层开发的优势：

功能划分清晰；

无损替换；

复用代码；

降低了系统内部的依赖程度。

4. 使用分层架构进行开发时，需要遵循"上层依赖其下层，依赖关系不跨层；下一层不能调用上一层；下一层不依赖上一层；上一层中不能出现下一层的概念"这些原则。

习 题

一、填空题

1. 软件设计的一个基本原则是"＿＿＿＿低，＿＿＿＿高"。
2. VO（Value Object）主要用来封装数据库表的字段，一个 VO 类对象表示＿＿＿＿。

二、选择题

1. 下面对层与层关系的描述错误的是（　　）。
   A．表示层接收用户的请求，根据用户的请求去通知业务逻辑层
   B．业务逻辑层收到请求，根据请求内容执行数据库访问，并将访问结果返回表示层
   C．数据访问层收到请求后便开始访问数据库
   D．各个层之间独立存在，不相互依赖
2. 下面对分层模式的解释错误的是（　　）。
   A．将解决方案的组件分隔到不同的层中
   B．每一层中的组件应保持内聚性
   C．每一层都应与它下面的各层保持松耦合
   D．每一层都应与它下面的各层保持高耦合
3. 三层架构是分层模式中最常见的类型，在三层架构中不包含（　　）。
   A．数据访问层　　　B．业务逻辑层　　　C．通信层　　　D．表示层
4. 在进行分层开发时，需要遵循一定的指导原则，下面说法错误的是（　　）。
   A．上层依赖其下层，依赖关系可以跨层
   B．下一层不能调用上一层
   C．下一层不依赖上一层
   D．在上一层中不能出现下一层的概念
5. 使用分层开发的优势不包括（　　）。
   A．功能划分明确　　　　　　　　　　B．提高了代码的重用性
   C．实现了内部的无损替换　　　　　　D．增强了各层之间的依赖程度

三、编程题

1. 按照三层架构的模式实现网络留言板系统的发表留言功能。
2. 按照三层架构的模式编写一个火车票查询系统。创建数据表 ticket，包含火车车次、出发地、目的地、发车时间、硬座余票、硬卧余票、软卧余票；制作查询页面，当用户输入出发地和目的地时，可以将数据表中所有符合条件的信息查询并显示出来。

模块 6　Java Web 开发业务应用

模块简介

在模块 5 中学习了软件设计分层模式，学会使用分层架构实现 Web 应用系统。目前，基于 Internet 的 Web 应用越来越丰富，比如数据分页显示、文件上传和数据统计图表等都是非常实用的 Web 业务应用，本模块将介绍这些实用技术。

学习导航

任务 1　实现分页显示留言内容

问题引入

使用 JDBC 技术能将数据表中的数据显示在 JSP 页面上，当表中的记录很多时，在页面上显示所有数据行会存在这样的问题：受页面的限制，用户必须要拖动页面才能浏览更多的记录，而且页面也显得冗长。有没有一种显示方式，既能够显示查询到的所有数据行，又不需要拖动页面呢？

微课 27　实现页面的分页显示

解决方法

可以使用分页的形式显示数据,这样,数据更加清晰直观,页面不再冗长,也不受数据量的限制。比较好的分页做法是每次翻页的时候只从数据库里检索出本页需要的数据。

知识链接

分页需要关注以下关键点。

(1)计算总页数

如果总记录数能够被每页显示的记录数整除,那么

$$总页数 = 总记录数 \div 每页显示记录数$$

如果总记录数不能被每页显示的记录数整除,那么

$$总页数 = 总记录数 \div 每页显示记录数 + 1$$

(2)计算分页查询时的起始记录数

$$起始记录数 = (当前页码 - 1) \times 每页显示的记录数$$

任务实施

1. 计算显示的页数

根据实际情况确定每页显示的数据数量,显示的页数同数据表中记录的总数和每页显示的数据数量相关。

1)在数据访问层编写相关方法获取数据库中总的记录数。以网络留言板系统为例,获取 message 表中的总记录数。详见清单 6-1。

清单 6-1 MessageDaoImpl.java 中的 getCount( ) 方法

```
public int getCount(){
String sql="select count(*) from MESSAGE";       // 使用 count() 函数获取总记录数
    int count=0;
    try {
        conn = BaseDao.getConn();                // 获取数据库连接
pstmt = conn.prepareStatement(sql);              // 获取 PreparedStatement 对象
        rs = pstmt.executeQuery();               // 执行 SQL 取得查询结果集
        if(rs.next()) {
            count=rs.getInt(1);
        }
    } catch (ClassNotFoundException e) {
        e.printStackTrace();
    } catch (SQLException e) {
        e.printStackTrace();
    } finally{
```

```
        BaseDao.closeAll(conn, pstmt, rs);
    }
    return count;
}
```

2）在业务逻辑层编写相关方法来计算页数。详见清单 6-2。

清单 6-2　MessageBizImpl.java 中的 getTotalPages( ) 方法

```
public int getTotalPages(int pageSize){
        int totalpages=0;
        int totalcount=new MessageDaoImpl( ).getCount( );
        totalpages=(totalcount%pageSize==0)?(totalcount/pageSize):(totalcount/pageSize+1);
        return totalpages;
}
```

> **小提示**　在上面的代码中使用了条件三元运算符 "?:" 进行数据处理。

2. 获取当前页的数据

在数据访问层创建带有参数的分页查询方法，该方法包含一个参数 page，用于传递要查询的页码，查询的结果封装到 List 集合对象中。详见清单 6-3。

清单 6-3　MessageDaoImpl.java 中的 listByPage( ) 方法

```
public List listByPage(int page){//page 代表当前页
List list = new ArrayList( );
int rowBegin = 0;                        // 开始行数，表示每页第一条记录在数据库中的行数
if( page > 1 ) {
            rowBegin =5*(page-1);        // 按页数取得开始行数，设每页可以显示 5 条留言
        }
String sql = "select  *  from MESSAGE order by id limit ?,? ";
try {
            conn = BaseDao.getConn( );
            pstmt = conn.prepareStatement(sql);
            pstmt.setInt(1, rowBegin);
            pstmt.setInt(2,5);
            rs = pstmt.executeQuery( );
            while(rs.next( )) {
    Message message = new Message( );
    message.setId(rs.getInt("id"));
    message.setMessage(rs.getString("message"));
    message.setAuthor(rs.getString("author"));
    message.setPostTime(rs.getString("postTime"));
    list.add(message);
        }
```

```
            } catch (ClassNotFoundException e) {
                e.printStackTrace( );
            catch (SQLException e) {
                e.printStackTrace( );
            } finally{
                BaseDao.closeAll(conn, pstmt, rs);
            }
            return list;
        }
```

每页显示的第一条数据行号应该等于每页显示的数据量×（当前页码 –1）。listByPage( ) 方法用于实现查询 page 页中的记录，主要应用 limit 关键字编写分页查询的 SQL 语句。

3. 在 Web 页面中进行分页设置

在表示层编写 Web 页面文件，进行分页设置。详见清单 6–4。

清单 6-4　index.jsp 中分页设置关键代码

```
<%
    request.setCharacterEncoding("GBK");
    MessageBiz mbiz = new MessageBizImpl( );
    int pageSize = 5;                         // 每页显示 5 条记录
    int totalpages = new MessageBizImpl( ).getTotalPages(pageSize);
    List mlist = new ArrayList( );
    String p = request.getParameter("page");  // 获取页码参数
    int np = 1;                               // np 为当前页，表示页面初次打开时当前页为第一页
    if (p != null && !p.equals(""))
        np = Integer.parseInt(p);             // 从请求参数中获取当前页的值
    if (np > totalpages)                      // 当到达最后一页，再向下翻页时，当前页仍为最后页
        np = totalpages;
    else if (np < 1)                          // 当前页为第一页，再向上翻页时，当前页仍为第一页
        np = 1;
    mlist = mbiz.turnPage(np);                // 获得当前页显示的数据行
%>
<body>
    <div align="center">
        <h3>
            访客留言板
        </h3>
    </div>
    <div>
        <%
            for (int i = 0; i < mlist.size( ); i++) {
                Message message = (Message) mlist.get(i);
        %>
        <div class="all">
            <div class="a1">
```

```
                    作者：<%=message.getAuthor( )%></div>
                <div align="right"><%=5 * (np – 1) + i + 1%>#
                </div>
                <div><%=message.getMessage( )%></div>
                <div align="right">
                    发表时间：<%=message.getPostTime( )%></div>
            </div>
            <p>
                <%
                    }
                %>
        </div>
        <div>
            <div align="right" style="font-size: 12px;">
                <a href="index.jsp?page=<%=np – 1%>"> 上一页 </a>   
                <a href="index.jsp?page=<%=np + 1%>"> 下一页 </a>
            </div>
        </div>
```

运行效果如图 6-1 所示。

图 6-1 分页显示留言内容

上述代码解决了分页设置中的要点：

1）当前页的确定。代码中使用 np 变量表示当前页，当页面初次打开时页面默认是第一页，其他情况下当前页是通过翻页的超链接传递参数获取的。

2）分页的设置。可以通过当前页页码确定上一页（当前页 –1）、下一页（当前页

+1），并将对应的页码作为当前页的值进行传递，以便刷新页面后获取的是新的数据。

```
<a href="index.jsp?page=<%=np + 1%>"> 下一页 </a>
```

3）翻页时首页与末页的控制。当 JSP 获取到超链接传递过来的当前页的值时，如果当前页的值小于 1，表示原来已经是首页了，这时应该将当前页的值修改为 1；如果当前页的值大于总页数，表示原来已经是末页了，这时应该将当前页的值修改为总页数。

```
if (np > totalpages)    np = totalpages;
    else if (np < 1)np = 1;
```

同步实训任务单

实训任务单	
任务名称	分页显示联系人表
训练要点	分页技术
需求说明	模拟个人通讯录，在数据库中创建联系人表，字段不限。编写代码实现从数据库中读取联系人信息并以分页方式显示
完成人	完成时间
实训步骤	

任务小结

实现数据分页显示需要经过如下步骤。
1）确定每页显示的数据数量。
2）确定分页显示所需的总页数。
3）编写 SQL 查询语句，获取当前页的数据。
4）在 Web 页面中进行分页设置。

任务2 使用 SmartUpload 组件实现文件的上传和下载

问题引入

在 Web 应用系统中常会用到文件的上传及下载功能，比如发送或查看带有附件的邮件、QQ 群中群文件的上传与下载等。文件的上传和下载功能在技术上是如何实现的呢？

解决方法

目前网络中有很多实用的文件上传和下载组件，使用它们可以实

微课28 SmartUpload 组件的使用

现文件的上传和下载功能,其中较常用的是 SmartUpload 组件。下面就来学习该组件的使用方法。

知识链接

1. SmartUpload 简介

SmartUpload 组件是一个实现文件上传和下载的免费组件,因为其使用方法简单方便而被广泛应用。SmartUpload 组件具有以下几个特点。

◎ 使用简单:SmartUpload 组件可以方便地嵌入 JSP 文件中,在 JSP 文件中仅编写少量代码即可实现文件的上传和下载功能,十分方便。

◎ 能够全程控制上传内容:使用 SmartUpload 组件提供的对象及操作方法,可以获得全部上传文件的信息,包括文件名称、类型、大小等,方便操作。

◎ 能够对上传文件的大小、类型进行控制:为了避免在上传过程中出现异常数据,SmartUpload 组件专门提供了相应的方法用于限制不符合要求的文件数据。

2. 获取和部署 SmartUpload 组件

SmartUpload 组件可以在网络上自由下载,解压下载的 .zip 文件,查找到 smartupload.jar 文件,将这个 .jar 文件放在 Web 项目的 WEB-INF\lib 文件夹下。

3. 设置表单属性

一般的输入类型(如 text、password、radio、checkbox、select)传送表单数据到服务器时,所使用的编码方式为 application/x-www-form-urlencoded,这也是表单采用 post 方式时的默认编码方式。在接收表单数据时,可以直接使用 request.getParameter( ) 来获取。

但是文件通常都是一些大容量的二进制数据,要将它们传送到服务器,必须将表单的编码方式设置为 multipart/form-data,这样浏览器会以二进制流的形式上传数据。因此,需要在表单属性中添加属性 enctype,该属性的设置方法为

```
<form enctype="multipart/form-data" method="post">
```

其中,method 参数值必须是 post。可使用 SmartUpload 对象的 getRequest( ) 方法获取 com.jspsmart.upload.Request 对象,通过该对象获取表单中的信息。

4. SmartUpload 组件的常用类

(1) File 类

File 类的作用是封装单个上传文件所包含的所有信息。通过调用 File 类的方法,可以方便地获取上传文件的相关信息。File 类的常用方法见表 6-1。

表 6-1　File 类的常用方法

方 法 名 称	方 法 描 述
public void saveAs(String destFilePathName)	保存文件,参数 destFilePathName 是保存的文件名
public void saveAs(String destFilePathName,int optionSaveAs)	保存文件,参数 destFilePathName 是保存的文件名,参数 optionSaveAs 表示保存的选项

（续）

方法名称	方法描述
public boolean isMissing( )	用于判断用户是否选择了文件，即对应的表单项是否有值。选择了文件时，返回 false；未选择文件时，返回 true
public String getFieldName( )	取 HTML 表单中对应于此上传文件的表单项的名字
public String getFileName( )	取上传文件的文件名（不含目录信息）
public String getFilePathName( )	取上传文件的文件全名（带目录）
public String getFileExt( )	取文件的扩展名
public int getSize( )	取文件的长度（以字节计）
public String getContentString( )	获取文件的内容，返回值为字符串类型

（2）Files 类

Files 类与 File 类的区别在于，File 类封装的是单个上传文件的信息，而 Files 类表示所有上传文件的集合，通过它可以得到上传文件的数量、大小等信息。Files 类的常用方法见表 6-2。

表 6-2　Files 类的常用方法

方法名称	方法描述
public int getCount( )	取得上传文件的数目
public File getFile(int index)	取得指定位移处的文件对象 File
public long getSize( )	取得上传文件的总长度，可用于限制一次性上传的数据量大小
public Collection getCollection( )	将所有上传文件对象以 Collection 的形式返回，以便其他应用程序引用、浏览上传文件信息

（3）SmartUpload 类

SmartUpload 类用于实现文件的上传与下载操作。SmartUpload 类的常用方法见表 6-3。

表 6-3　SmartUpload 类的常用方法

方法名称	方法描述
public final void initialize(javax.servlet.jsp.PageContext pageContext)	执行上传和下载的初始化工作，必须第一个执行
public void upload( )	上传文件。在 initialize( ) 方法后执行这个方法
public int save(String destPathName)	将全部上传文件保存到指定的目录下，并返回保存的文件个数
public void setAllowedFilesList(String allowedFilesList)	设定允许上传指定扩展名的文件，当上传过程中有文件名不被允许时，组件将抛出异常。其中，allowedFilesList 为允许上传的文件扩展名列表，各个扩展名之间以逗号分隔。如果想允许上传那些没有扩展名的文件，可以用两个逗号表示，如 setAllowedFilesList("doc,txt,,")
public void setDeniedFilesList(String fileList)	指定禁止上传的文件扩展名列表，每个扩展名之间以逗号分隔
public void setMaxFileSize(long filesize)	设定每个文件允许上传的最大长度
public void setTotalMaxFileSIze(long totalfilesize)	设定允许上传文件的总长度

任务实施

1. 应用 SmartUpload 组件上传文件

【例 6.1】使用图 6-2 所示的页面作为文件上传页面,提交表单后将文件上传至服务器的指定位置,同时获取文件名,将文件名插入数据表 file 中。file 表有 id 字段和 filename 字段。文件上传成功页面如图 6-3 所示。

图 6-2 文件上传页面

图 6-3 文件上传成功页面

实现过程如下。

1)编写文件上传页面(file.jsp)。详见清单 6-5。

清单 6-5　file.jsp 关键代码

```
<form enctype="multipart/form-data" method="post" action="uploadfile.jsp">
选择文件:<input type="file" name="nfile"><br>
<input type="submit" value=" 上传 ">
</form>
```

2)编写 uploadfile.jsp,实现文件上传功能。详见清单 6-6。

清单 6-6　uploadfile.jsp 关键代码

```
<%@ page language="java" contentType="text/html; charset=GBK" import="com.jspsmart.upload.*,biz.*"
    pageEncoding="GBK"%>
<%
SmartUpload su = new SmartUpload();
        su.initialize(pageContext);              // 初始化 SmartUpload 对象
        try {
            su.setCharset("GBK");
            su.upload();                          // 执行上传
        } catch (Exception e) {
            e.printStackTrace();
        }
        // 得到单个上传文件的信息
        com.jspsmart.upload.File file = su.getFiles().getFile(0);
        // 设置文件在服务器上的保存位置
        String filepath = "\\ch6\\upload\\";
        filepath += file.getFileName();
        try {
```

```
                // 将文件以 Web 应用程序的根目录作为另存文件的保存目录
                file.saveAs(filepath, SmartUpload.SAVE_VIRTUAL);
                // 将文件以操作系统的根目录（如 d:\）作为另存文件的保存目录
                file.saveAs("D:\\" + filepath, SmartUpload.SAVE_PHYSICAL);
        } catch (Exception e) {
                e.printStackTrace( );
        }
        String filen="";
        if (!file.isMissing( ))  filen=file.getFileName( );   // 获取文件名称
        if(new fileBiz( ).fileUpLoad(filen))                  // 插入数据表中
        response.sendRedirect("uploadok.jsp");
        else response.sendRedirect("error.jsp");
%>
```

首先，在 JSP 文件中使用 page 指令导入 SmartUpload 组件所需的类，接着实例化一个 SmartUpload 对象，使用该对象的 initialize( ) 方法进行初始化。初始化完毕后，必须要调用 upload( ) 方法实现文件数据的上传，在此过程中要进行异常处理。为获取上传文件的信息，需要创建一个 File 类的实例。getFile(0) 返回上传文件集合中的第一个文件信息。最后，使用 saveAs( ) 方法将文件存储在指定的路径。

2. 应用 SmartUpload 组件下载文件

【例 6.2】实现显示服务器上存在的文件并实现下载的功能，如图 6-4 和图 6-5 所示。

图 6-4 显示服务器上的文件列表

图 6-5 单击超链接进行文件的下载

实现过程如下。

1）编写 Web 页面文件，显示数据表中的文件。详见清单 6-7。

清单 6-7 download.jsp 代码

```
<%@ page language="java" contentType="text/html; charset=GBK" import="com.jspsmart.upload.*,biz.*,
    java.util.*,entity.*"
        pageEncoding="GBK"%>
<html>
<head>
<meta http-equiv="Content-Type" content="text/html; charset=GBK">
<title> 下载文件 </title>
```

```
</head>
<body>
<%
List filelist=new fileBiz( ).showFile( );
for(int i=0;i<filelist.size( );i++){
f fn=new f( );
fn=(f)filelist.get(i);
%>
<a href="dodown.jsp?filename=<%=fn.getFilename( )%>"><%=fn.getFilename( )%></a><br>
<%
}
%>
</body>
</html>
```

2）编写 JSP 文件，使用 SmartUpload 组件的 downloadFile( ) 方法实现文件的下载功能。详见清单 6-8。

清单 6-8 dodown.jsp 代码

```
<%@ page language="java" contentType="text/html; charset=GBK" import="com.jspsmart.upload.*" pageEncoding="GBK"%>
<html>
<head>
<meta http-equiv="Content-Type" content="text/html; charset=GBK">
<title>Insert title here</title>
</head>
<body>
<% // 获取请求参数，进行中文乱码处理
String filename=new String(request.getParameter("filename").getBytes("iso8859-1"),"gbk");
SmartUpload downfile = new SmartUpload( );
downfile.initialize(pageContext);          // 初始化 SmartUpload 对象
// 设定 ContentDisposition 为 null 以禁止浏览器自动打开文件
downfile.setContentDisposition(null);
String fileName="/upload/"+filename;       // 获得下载的文件名（带路径）
            try{
                     downfile.setCharset("gbk");
                     downfile.downloadFile(fileName);   // 下载文件
                }catch(Exception e){
                     e.printStackTrace( );
                }
out.clear( );
out = pageContext.pushBody( );
%>
</body>
</html>
```

JSP 容器在处理完请求后会调用 releasePageContet( ) 方法释放所用的 pageContext 对

象，并且同时调用 getWriter( ) 方法。由于 getWriter( ) 方法与在 JSP 页面中使用流相关的 getOutputStream( ) 方法冲突，所以需要在 JSP 页面的最后加上两条语句："out.clear( );"和 "out=pageContext.pushBody( );"。

同步实训任务单

实训任务单	
任务名称	发布图片新闻
训练要点	使用 SmartUpload 组件上传文件
需求说明	管理员在发布新闻时，可以同时实现新闻图片的上传。对于上传的图片要进行控制，具体要求如下： ◎ 允许上传的图片类型为 GIF、JPG、JPEG。 ◎ 上传图片的大小不能超过 5MB。 新闻发布页面如图 6-6 所示。 图 6-6 新闻发布页面
完成人	完成时间
实训步骤	

任务小结

SmartUpload 组件是实现文件上传和下载的免费组件，可以在 JSP 中实现文件的上传和下载。它使用简单、方便，能够全程控制上传文件的相关信息，包括文件的名称、大小、类型等。

在使用 SmartUpload 组件的过程中，在文件上传表单页面中需要设置表单属性 enctype="multipart/form-data"，设置提交方式 method="post"。

SmartUpload 组件中的类提供了封装好的用于操作文件的方法：

◎ File 类：封装了一个上传文件的所有信息。

◎ Files 类：表示所有上传文件的集合，借助 Files 类可以获取上传文件的数目、大小等信息。

◎ Request 类：Com.jspsmart.upload.Request 对象用于获取文件上传页面中的表单数据，其作用与 JSP 内置 request 对象的相同。

◎ SmartUpload 类：专门用于处理文件的上传和下载，在应用时必须先调用 initialize( ) 方法进行初始化。

任务 3　使用 ECharts 实现可视化数据

问题引入

随着 Web 应用程序的广泛应用，经常需要在网页中显示一些图表，这些图表对数据分析和统计结果的呈现有不可替代的作用。如何在 Java Web 项目中显示动态数据图表呢？

解决方法

ECharts 是一款基于 JavaScript 的数据可视化图表库，提供直观、生动、可交互、可个性化定制的数据可视化图表。下面就来学习 ECharts 的使用方法。

知识链接

1. ECharts

ECharts 是一个使用 JavaScript 实现的开源可视化库，可以流畅地运行在计算机和移动设备上，并能够兼容当前绝大部分浏览器。在功能上，ECharts 可以提供直观、交互丰富、可高度个性化定制的数据可视化图表；在使用上，ECharts 为开发者提供了非常炫酷的图形界面，提供了包含柱状图、折线图、饼图、气泡图及四象限图等在内的一系列可视化图表。ECharts 最初由百度团队开发，并于 2018 年初捐赠给 Apache 基金会，成为 ASF 孵化级项目。2021 年 1 月 26 日晚，Apache 基金会官方宣布 ECharts 项目正式毕业，成为 Apache 顶级项目。目前 ECharts 的版本为 5.3.2。图 6-7 所示为使用 ECharts 制作的可视化大屏。此外，ECharts 的使用非常简单，对于初学者而言，直接对 ECharts 官网上提供的各种图表模板进行简单的修改，即可实现数据可视化图表的制作。

图 6-7 使用 ECharts 制作的可视化大屏

2. 安装 ECharts

进入 ECharts 官网的下载页面（https://echarts.apache.org/zh/download.html），如图 6-8 所示，选择"方法一：从下载的源代码或编译产物安装"方式（这里选择从 GitHub 下载编译产物），单击 Dist 超链接之后会跳转到具体的下载页面，如图 6-9 所示。dist 目录下的 echarts.js 即为包含完整 ECharts 功能的文件，下载 echarts.js，如图 6-10 所示。

图 6-8 ECharts 下载页面

图 6-9　ECharts 具体下载页面

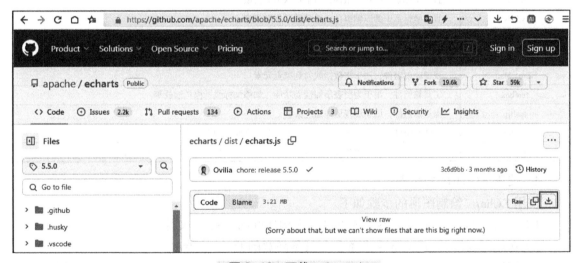

图 6-10　下载 echarts.js

至此，ECharts 已经成功安装，之后直接调用 echarts.js 文件即可使用 ECharts。

3. ECharts 组件

在进行使用 ECharts 绘图前，需要对 EChatrs 常用组件进行了解。图 6-11 中标注了常用组件。

微课 29　ECharts 常用组件

ECharts 图形就是由这些常用组件组成的。ECharts 常用组件的简单介绍见表 6-4。

图 6-11 ECharts 常用组件图示

表 6-4 ECharts 常用组件

名 称	描 述
title	标题组件，用于设置图表的标题
xAxis	直角坐标系中的横轴组件，通常默认为类目型
yAxis	直角坐标系中的纵轴组件，通常默认为数值型
legend	图例组件，用于表述数据和图形的关联
dataZoom	数据区域缩放，用于展现大量数据时选择可视范围
visualMap	视觉映射组件，用于将数据映射到视觉元素
toolbox	工具箱组件，用于为图表添加辅助功能，如添加标线、框选缩放等
tooltip	提示框组件，用于展现更详细的数据
timeline	时间轴组件，用于展现同一系列数据在时间维度上的多份数据
series	数据系列组件，一个图表可能包含多个系列，每个系列可能包含多个数据

4. 使用 ECharts 的步骤

使用 ECharts 绘制图形的步骤如下。

1）引入 ECharts。通过标签方式直接引入构建好的 echarts 文件。

2）在绘图前需要为 ECharts 准备一个具备高宽的 DOM 容器。

3）使用 echarts.init( ) 方法初始化 echarts 实例，指定图表的配置项和数据，使用指定的配置项和数据显示图表。

【例 6.3】使用 ECharts 可视化数据库中的数据。创建一个柱形图，用它来展示商品销售量（见表 6-5），显示效果如图 6-12 所示，其中图形数据来自 MySQL 数据库中的 goods 表。

微课 30 使用 ECharts 可视化数据库中数据

实现过程如下。

1) 创建数据库 echarts 和数据表 goods，输入表 6-5 中的数据。

2) 创建项目，将 echarts.js 及数据库驱动包添加到项目中。使用分层架构开发，Web 工程结构如图 6-13 所示。

表 6-5　goods 表

id	name	number
1	衬衫	5
2	羊毛衫	20
3	雪纺衫	36
4	裤子	10
5	高跟鞋	15
6	袜子	20

图 6-12　图形效果

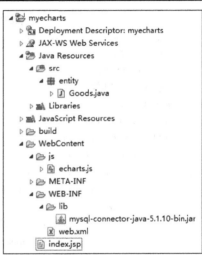

图 6-13　Web 工程结构

3) 创建 VO 类。详见清单 6-9。

清单 6-9　Goods.java 代码

```
package entity;
public class Goods {
    private int id;
    private String name;
    private int number;
    public int getId( ) {
        return id;
    }
    public void setId(int id) {
        this.id = id;
    }
    public String getName( ) {
        return name;
    }
```

```java
    public void setName(String name) {
        this.name = name;
    }
    public int getNumber() {
        return number;
    }
    public void setNumber(int number) {
        this.number = number;
    }
}
```

4）创建 BaseDao 类和 GoodsDao 类。GoodsDao 类用于获取数据表中的所有数据，存放在 Java 集合中。GoodsDao 类代码如清单 6-10 所示。

清单 6-10　GoodsDao.java 代码

```java
package dao;
import java.sql.*;
import java.util.*;
import entity.*;
import util.BaseDao;
public class GoodsDao {
    public List<Goods> getChartsData(){
        List<Goods> list=new ArrayList<Goods>();
        String sql="select * from goods";
        try {
            Connection conn=BaseDao.getConn();
            PreparedStatement pstmt=conn.prepareStatement(sql);
            ResultSet rs=pstmt.executeQuery();
            while(rs.next()){
                Goods g=new Goods();
                g.setId(rs.getInt(1));
                g.setName(rs.getString(2));
                g.setNumber(rs.getInt(3));
                list.add(g);
            }
            BaseDao.closeAll(conn, pstmt, rs);
        } catch (ClassNotFoundException e) {
            e.printStackTrace();
        } catch (SQLException e) {
            e.printStackTrace();
        }
        return list;
    }
}
```

5）创建 JSP 文件。index.jsp 代码如清单 6-11 所示。

清单 6-11 index.jsp 代码

```jsp
<%@ page language="java" contentType="text/html; charset=utf-8"
    pageEncoding="utf-8" import="java.sql.*,java.util.*,entity.*,dao.*" %>
<!DOCTYPE html>
<html>
<head>
<meta charset="utf-8">
<title>ECharts 图表 </title>
<!-- 引入刚刚下载的 ECharts 文件 -->
<script  src="js/echarts.js"></script>
</head>
<body>
<!-- 为 ECharts 准备一个具备高和宽的 DOM 容器 -->
<div id="main" style="width:600px;height:400px"></div>
<%
List<Goods> goodslist=new GoodsDao( ).getChartsData( );
%>
<script type="text/javascript">
// 基于准备好的 dom，初始化 echarts 实例
var myChart=echarts.init(document.getElementById('main'));
// 指定图表的配置项和数据
var option = {
  title: {// 标题配置
     text: ' 商品销售量 ',
     left:'center'
  },
  tooltip: {},// 提示框配置
  legend: {// 图例配置
     data: [' 销量 '],
     top:30
  },
  xAxis: {// 横轴配置
     data: [ <%
             for(Goods item:goodslist){
     out.print("'"+item.getName( )+"'"+",");
             }
             %>]
  },
  yAxis: {// 纵轴配置
       axisLine:{show:true}, // 显示坐标轴线
       axisTick :{show:true},// 显示坐标轴刻度
       name:' 销量 ', // 设置坐标轴标题
       nameLocation:'center',// 坐标轴名称显示位置，有三种：'start'、'middle'（或 'center'）、'end'
       nameRotate :0,// 旋转。从 -90°到 90°。正值仪表逆时针旋转
       nameGap:30,// 坐标轴名称与轴线之间的距离
```

```
                splitLine:{
                    show:false // 不显示分隔线
                }
        },
        series: [// 系列配置
            {
                name: ' 销量 ', // 设置系列名称
                type: 'bar', // 通过设置不同的 type 值，显示不同的图形
                data: [<% // 系列数据
                    for(Goods item:goodslist){
                out.print(item.getNumber( )+",");
                    }
                %>],
                label:{ // 数据标签配置
                    show:true,
                    position:'top'}
            }
        ]
    };
    // 使用刚指定的配置项和数据显示图表
    myChart.setOption(option);
</script>
</body>
</html>
```

通过设置系列组件的 type 参数值为 bar，可以显示柱形图。绘制不同形式的 ECharts 图形，只需要在步骤中设置不同的配置项和数据，常用的配置项就是表 6-4 所列的 ECharts 组件的配置。更多配置项可以查看官网配置项手册（https://echarts.apache.org/zh/option.html）。

小提示

其他常用的图形的 type 参数值如下。

柱形图、条形图：bar。

折线图、区域面积图：line。

漏斗图：funnel。

K 线图：candlestick 或者 k。

散点图、气泡图：scatter。

饼图、圆环图、玫瑰图：pie。

雷达图：radar。

仪表盘：gauge。

关系图：graph。

词云图：wordCloud。

ECharts 使用简单，服务器端负载小，运行速度快，统计图表类型多样、美观，图形位置和大小自适应性好，与用户交互多，实用性强，能更好地满足不同用户的需求。ECharts 图表

解决方案给那些需要在 Web 模式下快速实现图表应用的开发人员提供了新的选择。

同步实训任务单

实训任务单	
任务名称	绘制 2012 年—2021 年居民人均收入及支出折线图
训练要点	使用 ECharts 绘制折线图
需求说明	2012 年—2021 年人民生活水平显著提高，收入持续增加，生活质量不断提升，消费支出持续增长，消费结构从生存型逐渐向发展型、享受型过渡。2012 年—2021 年我国居民人均可支配收入及支出情况见表 6-6。 表 6-6　2012 年—2021 年我国居民人均可支配收入及支出 | 指标	2012 年	2013 年	2014 年	2015 年	2016 年	2017 年	2018 年	2019 年	2020 年	2021 年
---	---	---	---	---	---	---	---	---	---	---
收入（元）	16510	18311	20167	21966	23821	25974	28228	30733	32189	35128
消费支出（元）	12054	13220	14491	15712	17111	18322	19853	21559	21210	24100	 将以上数据绘制成折线图，如图 6-14 所示。 图 6-14　2012 年—2021 年我国居民人均可支配收入及支出折线图
完成人	完成时间
实训步骤	

任务小结

ECharts 是一个使用 JavaScript 实现的开源的可视化库。ECharts 可以提供直观、交互丰富、可高度个性化定制的数据可视化图表；ECharts 为开发者提供了非常炫酷的图形界面，提供包含柱状图、折线图、饼图、气泡图及四象限图等在内的一系列可视化图表。

素养小课堂

全面小康的"中国密码"

使用 ECharts 绘制图形的步骤如下。

1）引入 ECharts。通过标签方式直接引入构建好的 echarts 文件。

2）在绘图前需要为 ECharts 准备一个具备高宽的 DOM 容器。

3）使用 echarts.init( ) 方法初始化 echarts 实例，指定图表的配置项和数据，使用指定的配置项和数据显示图表。

使用 ECharts 绘制图表，主要就是对标题（title）、提示框（tooltip）、坐标轴（xAxis，yAxis）、工具箱（toolbox）和数据系列（series）等组件进行配置。

小　结

1. 实现数据分页显示需要经过如下步骤。

1）确定每页显示的数据数量。

2）确定分页显示所需的总页数。

3）编写 SQL 查询语句，获取当前页的数据。

4）在 JSP 页面中进行分页设置。

2. SmartUpload 组件是实现文件上传的免费组件，可以在 JSP 中实现文件的上传和下载。它使用简单、方便，能够全程控制上传文件的相关信息，包括文件的名称、大小、类型等。

3. 使用 SmartUpload 组件时，在文件上传表单页面中需要设置表单属性 enctype="multipart/form-data"，设置提交方式 method="post"。

4. SmartUpload 组件的类提供了封装好的用于操作文件的方法，这些类具体见表 6-7。

表 6-7　SmartUpload 组件的相关类

类　名	描　述
File	封装一个上传文件的所有信息
Files	表示所有上传文件的集合，借助 Files 类可以获取上传文件的数目、大小等信息
Request	Com.jspsmart.upload.Request 对象用于获取文件上传页面中的表单数据，其作用与 JSP 内置 request 对象的相同
SmartUpload	专门用于处理文件的上传和下载，在应用时必须先调用 initialize( ) 进行初始化

5. ECharts 是一个使用 JavaScript 实现的开源的可视化库。使用 ECharts 绘制图形的步骤如下。

1）引入 ECharts。通过标签方式直接引入构建好的 echarts 文件。

2）在绘图前需要为 ECharts 准备一个具备高宽的 DOM 容器。

3）使用 echarts.init( ) 方法初始化 echarts 实例，指定图表的配置项和数据，使用指定的配置项和数据显示图表。

习　题

一、填空题

1. 要上传文件，通常需要在表单中使用一个或多个_____，将表单的编码方式设置为_____。

2．使用 SmartUpload 组件执行文件操作时，使用_____方法将文件存储在指定的路径。

3．使用 SmartUpload 组件的_____方法实现文件的下载功能。

4．ECharts 中配置图例的配置项是_____，series 配置项表示_____。

5．_____是一个用于生成 ECharts 图表的类库。

二、选择题

1．下面不属于分页步骤的是（　　）。
　　A．确定每页显示的数据数量　　　　B．计算总页数
　　C．编写查询 SQL 语句　　　　　　D．使用下拉列表显示页数

2．声明 SmartUpload 对象的正确方法是（　　）。
　　A．SmartUpload su=new SmartUpload( );
　　B．SmartUpload su=SmartUpload.newInstance( );
　　C．SmartUpload su=SmartUpload.initialize( );
　　D．SmartUpload 无须实例化，可以直接使用

3．使用 SmartUpload 实现文件上传时，表单设置描述错误的是（　　）。
　　A．使用 post 或 get 方式均能实现提交
　　B．需要添加表单属性 enctype="multipart-form-data"
　　C．使用 HttpRequest 获取表单数据
　　D．使用 com.jspsmart.upload.Request 对象获取表单数据

4．使用 ECharts 绘制图表需要用到（　　）方法，执行该方法后会传入一个具备大小的 DOM 节点，即实例化图表对象。
　　A．set( )　　　　B．setSeries( )　　　　C．init( )　　　　D．setOption( )

5．setOption( ) 方法用于（　　）
　　A．初始化接口　　　　　　　　　B．配置图表实例选项
　　C．图表数据接口　　　　　　　　D．设置时间轴

三、编程题

使用 ECharts 绘制图 6-15 所示的柱形图。

图 6-15　地区销售情况柱形图

模块 7

Servlet 技术基础

模块简介

在 JSP 技术出现之前,如果想生成 HTML 页面,就只能在服务器端运行 Java 程序,并输出 HTML 格式内容。运行在服务器端的 Java 程序就是 Servlet。JSP 技术就是基于 Servlet 的。学习 Servlet 有助于理解 JSP 的执行过程。Servlet 2.3 以后版本中的 Filter 也是 Web 开发中经常会用到的技术,通过本模块的学习,能够掌握 Servlet 的编程模式,了解 Filter 的工作原理,会编写 Servlet 和 Filter。

课证融通:Java Web 应用开发职业技能等级(初级)所要求的2.1技能

学习导航

模块 7 Servlet 技术基础

- 技能目标
  - 会使用 Servlet 处理请求
  - 会使用 Filter 处理请求和响应消息
- 知识目标
  - 掌握 Servlet 的生命周期
  - 掌握 Servlet 的创建及运行方法
  - 掌握 Filter 的生命周期
  - 掌握 Filter 的创建和使用方法
- 工作任务
  - 认识 Servlet
  - 创建并运行一个简单的 Servlet
  - 使用 Filter 解决中文乱码问题

任务1 认识 Servlet

问题引入

JSP 是在 JSP 文件中写入 Java 代码的一种 Web 应用程序开发技术。当服务器运行 JSP 文件时,执行 Java 代码,动态获取数据,并生成

微课 31 Servlet 概述

HTML 代码，最终显示在客户端浏览器上。JSP 技术目前被广泛应用。在 JSP 技术出现之前，也可以使用 Java 编写 Web 应用程序，是如何编写的呢？

解决方法

在 JSP 技术出现之前，如果想动态生成 HTML 页面，就只能在服务器端运行 Java 程序，并生成 HTML 格式的内容。运行在服务器端的 Java 程序就是 Servlet。

知识链接

1. Servlet 简介

Servlet 是一个符合特定规范的 Java 程序，在服务器端运行，处理客户端请求并做出响应，通常称为"Java 服务器小程序"。它与协议和平台无关。

回顾一下 JSP 在服务器上的执行过程，在图 7-1 中的翻译阶段，即服务器对 JSP 文件进行翻译，将编写好的 JSP 文件通过 JSP 引擎转换成可识别的 Java 源代码，这里的 Java 源代码其实就是 Servlet。

图 7-1 JSP 在服务器上的执行过程

Servlet 拥有与生俱来的跨平台特性，这使得 Servlet 程序完全可以在不同的 Web 服务器上执行。Servlet 与普通的 Java 程序一样，是被编译成字节码后在 Servlet 容器管理的 Java 虚拟机中运行，被客户端发来的请求激活。在虚拟机中装载一个 Servlet 就能够处理多个新的请求，每个新请求可以使用内存中的同一个 Servlet 副本，执行效率高，很适合用来开发 Web 服务器应用程序。

Servlet 的优点可以分为以下几个方面。

1）可移植性好。Servlet 是用 Java 语言编写的，具有完善的 Servlet API 标准，编写的 Servlet 程序可以轻松地移植到其他服务器中。

2）安全且高效。Servlet 使用 Java 的安全框架，Servlet 容器也保证 Servlet 的安全。Servlet 载入内存并使用多线程，效率很高，响应速度快。

3）模块化。每个 Servlet 可以完成一定的任务，不同的 Servlet 可以互相交流数据。

4）可扩展性。Servlet 接口设计得非常精简，便于扩展。

5）功能强大。Servlet 除了支持 HTTP 访问，还支持图像处理、数据压缩、多线程、JDBC、RMI、序列化等功能。

2. Servlet 的生命周期

当服务器调用 Servlet 类时，Servlet 对象被创建。从服务器创建 Servlet 对象到该对象被销毁的这段时间称为 Servlet 的生命周期。

Servlet 的生命周期分为装载 Servlet、处理客户请求和结束 Servlet 三个阶段，分别由

javax.servlet.Servlet 接口的 init( ) 方法、service( ) 方法和 destroy( ) 方法来实现，如图 7-2 所示。

1）装载 Servlet。所谓装载 Servlet，实际上是用 Web 服务器创建一个 Servlet 对象，调用这个对象的 init( ) 方法完成必要的初始化工作。在 Servlet 对象生命周期内，本方法只能调用一次。

2）处理客户请求。当客户请求到来时，Servlet 引擎将请求对象传递给 service( ) 方法，同时创建一个响应对象。service( ) 方法获得请求/响应对象后进行请求处理（调用被覆盖的 doXXX( ) 方法进行逻辑处理），然后将处理的结果以响应对象的方式返回给客户端。在 Servlet 对象周期内，该方法可能被多次请求，被多次调用。

图 7-2 Servlet 的生命周期

3）结束 Servlet。当 Web 服务器要卸载 Servlet 或重新装入 Servlet 时，服务器会调用 Servlet 的 destory( ) 方法，将 Servlet 从内存中删除，否则它一直为客户服务。在 Servlet 对象生命周期内，该方法只能调用一次。

任务实施

Servlet 究竟是怎样的呢？下面通过案例来认识一下 Servlet。

【例 7.1】编写在页面输出文字的 Servlet 程序。详见清单 7-1。

清单 7-1 Hello.java 代码

```java
import java.io.*;
import javax.servlet.*;//Servlet 需要引入的类
import javax.servlet.http.*; //Servlet 需要引入的类
public class Hello extends HttpServlet {
    public void doGet(HttpServletRequest request, HttpServletResponse response)
    throws ServletException, IOException {
        response.setContentType("text/html;charset=GBK");
        PrintWriter out = response.getWriter( );
        out.println("<!DOCTYPE HTML PUBLIC \"-//W3C//DTD HTML 4.01 Transitional//EN\">");
        out.println("<HTML>");
        out.println("  <HEAD><TITLE>A Servlet</TITLE></HEAD>");
        out.println("  <BODY>");
        out.println("  你好，欢迎来到 Servlet 世界 ");
        out.println("  </BODY>");
        out.println("</HTML>");
        out.flush( );
        out.close( );
    }
}
```

```
public void doPost(HttpServletRequest request, HttpServletResponse response)
        throws ServletException, IOException {
    doGet(request,response);
}
}
```

可见 Servlet 继承自 HttpServlet 类，通过重写 doGet( ) 和 doPost( ) 方法实现功能。编写 Servlet 类时需要引入相关类。

同步实训任务单

实训任务单	
任 务 名 称	认识 Servlet 的功能
训 练 要 点	能识别 Servlet 及其功能

需 求 说 明	请写出下列代码的功能
	import java.io.IOException;
	import java.io.PrintWriter;
	import java.util.Calendar;
	import java.util.Date;
	import java.util.GregorianCalendar;
	import javax.servlet.ServletException;
	import javax.servlet.http.HttpServlet;
	import javax.servlet.http.HttpServletRequest;
	import javax.servlet.http.HttpServletResponse;
	public class WelcomeServlet extends HttpServlet {
	　　public void doGet(HttpServletRequest request, HttpServletResponse response)
	　　　　throws ServletException, IOException {this.doPost(request, response); }
	　　public void doPost(HttpServletRequest request, HttpServletResponse response)
	　　　　throws ServletException, IOException {
	　　response.setContentType("text/html;charset=gbk");
	　　PrintWriter out = response.getWriter( );
	　　Calendar calendar = new GregorianCalendar( );
	　　Date trialTime = new Date( );
	　　// 使用给定的 Date 设置此 Calendar 的时间。
	　　calendar.setTime(trialTime);
	　　String welcome="";
	　　// 获取当前时间的小时
	　　int hour= calendar.get(Calendar.HOUR_OF_DAY);
	　　if(hour <10)
	　　welcome=" 早上好 ";
	　　else if(hour < 15)
	　　welcome=" 中午好 ";
	　　else if(hour < 18)
	　　　　welcome=" 下午好 ";
	　　else
	　　welcome=" 晚上好 ";

（续）

需求说明	out.println("<!DOCTYPE HTML PUBLIC \" –//W3C//DTD HTML 4.01 Transitional//EN\" >");
	out.println("<HTML>");
	out.println(" <HEAD><TITLE>A Servlet</TITLE></HEAD>");
	out.println(" <BODY>");
	out.println(welcome+"，欢迎你。");
	out.println("
	");
	out.println(" 现在的时间是："+calendar.get(Calendar.HOUR_OF_DAY)+" 时 "+calendar.get(Calendar.MINUTE)+" 分 "+calendar.get(Calendar.SECOND)+" 秒 ");
	out.println(" </BODY>");
	out.println("</HTML>");
	out.flush( );
	out.close( );
	   }
	
	}

完 成 人	完 成 时 间
实训步骤	

任务小结

Servlet 是一个符合特定规范的 Java 程序，在服务器端运行，处理客户端请求并做出响应。Servlet 的生命周期：加载和实例化→初始化→服务→销毁。

任务 2　创建并运行一个简单的 Servlet

问题引入

Servlet 是在服务器端运行的 Java 程序，在 IDE 集成开发工具中是如何创建的呢？该"服务器端小程序"是如何运行的呢？

微课 32　Servlet 创建及运行

解决方法

开发 Servlet 一般按以下步骤进行。
1）编写 Servlet，设置访问 URL，重写 doGet( ) 和 doPost( ) 方法。
2）运行 Servlet。

知识链接

1. 创建 Servlet

创建 Servlet 有如下 3 种方式。

1）实现 Servlet 接口。
2）继承 GenericServlet 类。
3）继承 HttpServlet 类。

创建的 Servlet 中有两个重要的方法——doGet( ) 和 doPost( )。其中，doGet( ) 方法用于处理客户端的 GET 请求；doPost( ) 方法用于处理客户端的 POST 请求。开发人员在编写特定功能的 Servlet 时，需要重写这两个方法。

2. Servlet 的运行

Servlet 的运行比较简单，只需要通过 URL 就可以实现访问。

3. Servlet 中数据的获取与响应

Servlet 容器在接收客户请求时，除了创建 ServletRequest 对象用于封装客户的请求信息外，还创建了一个 ServletResponse 对象，用来封装响应数据，并且同时将这两个对象一并作为参数传递给 Servlet。

Servlet 能够利用 ServletRequest 对象获取客户端的请求数据，常用方法见表 7-1。

表 7-1 ServletRequest 的常用方法

方 法 名 称	方 法 描 述
Sring getParameter(String)	获取请求中传递的参数
void setCharacterEncoding("GBK")	设置请求数据的字符编码
void setAttribute(String,Object)	在请求中保存名称为 name 的属性值
Object getAttribute(String)	获取名称为 name 的属性值

Servlet 利用 ServletRequest 对象获取客户端的请求数据，经过处理后由 ServletResponse 对象发送响应数据。ServletResponse 的常用方法见表 7-2。

表 7-2 ServletResponse 的常用方法

方 法 名 称	方 法 描 述
void sendRedirect("url")	发送一个临时的重定向响应到客户端，以便客户端访问新的 URL
void setContentType(String)	设置发送到客户端的响应的内容类型

在 Servlet 中页面跳转有以下两种方式。

（1）转发

对应的 Servlet 代码和 JSP 代码为

```
request.getRequestDispatcher("JSP 页面或 Servlet").forward(request, response);
```

其中，request 对象为 HttpServletRequest 类。

转发是在服务器端起作用的，当使用 forward( ) 方法时，Servlet 容器传递 HTTP 请求，从当前的 Servlet 或 JSP 到指定的 Servlet 或 JSP，此过程仍然在 request 作用范围内。转发后，浏览器的地址栏内容不变。转发可以将数据通过 request 作用域传递到下一个页面或 Servlet。

（2）重定向

对应的 Servlet 代码和 JSP 代码为

> response.sendRedirect("JSP 页面或 Servlet");

重定向是在用户的浏览器端工作的,是 Servlet 对浏览器做出响应后浏览器再次发送一个新请求到指定的页面。重定向后浏览器的地址栏内容发生变化。重定向无法传递数据。

任务实施

下面通过简易猜数游戏案例,来完成开发并部署 Servlet。

【例 7.2】某公司要使用 Servlet 技术开发一个简易猜数游戏,实现单次猜数功能,并告知玩家猜数的结果,如图 7-3 ~ 图 7-5 所示。

图 7-3 输入数值页面

图 7-4 猜对页面

图 7-5 猜错页面

1. 创建 Servlet

因为 Servlet 是一个 Java 类,所以可以通过创建一个 Java 类使这个 Java 类实现 Servlet 接口,或由继承于 Servlet 接口的实现类(HttpServlet)来实现,还可以通过 IDE 集成开发工具进行创建。

使用 IDE 集成开发工具创建 Servlet 对象比较简单,适合初学者。下面以 Eclipse 为例介绍 Servlet 的创建。

1)在 Web 项目的相关包节点上右击,在弹出的快捷菜单中选择 New → Servlet 命令,弹出 Create Servlet 对话框,在其中输入 Servlet 类名称 FirstServlet,如图 7-6 所示。

2)单击 Next 按钮,在该对话框中可以对当前创建的 Servlet 进行配置,主要设置访问 Servlet 的 URL,如图 7-7 所示。如果不喜欢默认的 URL,可以通过 Remove 按钮及 Add 按钮设置新的 URL。这里设

图 7-6 输入 Servlet 的名称

置的访问 URL 是 /FirstServlet,表示执行该 Servlet 是通过 http://localhost:8080/web 项目名 /FirstServlet 的方式访问的。

3)单击 Next 按钮,在该对话框中可以创建当前的 Servlet 的方法,主要通过选中相应的复选框实现,一般选中 doPost 和 doGet 方法,如图 7-8 所示。

图 7-7　设置访问 URL

图 7-8　选中 Servlet 中需要创建的方法

Servlet 创建完后系统会生成一个 FirstServlet.java 文件，代码如清单 7-2 所示。

清单 7-2　使用 Servlet 向导创建的 FirstServlet.java 代码

```
package web;
import java.io.IOException;
import javax.servlet.ServletException;
import javax.servlet.annotation.WebServlet;
import javax.servlet.http.HttpServlet;
import javax.servlet.http.HttpServletRequest;
import javax.servlet.http.HttpServletResponse;
/**
 * Servlet implementation class FirstServlet
 */
@WebServlet("/FirstServlet")
public class FirstServlet extends HttpServlet {
    private static final long serialVersionUID = 1L;

    /**
     * @see HttpServlet#HttpServlet( )
     */
    public FirstServlet( ) {
        super( );
        // TODO Auto-generated constructor stub
    }
    /**
     * @see HttpServlet#doGet(HttpServletRequest request, HttpServletResponse response)
     */
```

```java
protected void doGet(HttpServletRequest request, HttpServletResponse response) throws ServletException, IOException {
    // TODO Auto-generated method stub
    response.getWriter().append("Served at: ").append(request.getContextPath());
}
/**
 * @see HttpServlet#doPost(HttpServletRequest request, HttpServletResponse response)
 */
protected void doPost(HttpServletRequest request, HttpServletResponse response) throws ServletException, IOException {
    // TODO Auto-generated method stub
    doGet(request, response);
}
}
```

上述代码中加粗部分 @WebServlet("/FirstServlet") 中的字符串 /FirstServlet，就是前面在创建 Servlet 时设置访问该 Servlet 的 URL。

开发人员在编写实现特定功能的 Servlet 时，需要重写 doPost( ) 和 doGet( ) 这两个方法。不同的 Servlet 主要也就是这两个方法的方法体有所不同。

例 7.2 中 FirstServlet 需要实现的功能是获取 input.jsp 输入框中的数，同目标值（88）进行比较，若相等，则转向猜中了页面，否则转向猜错了页面。input.jsp 中表单数据应该提交给 FirstServlet 类处理，所以 action 属性值应该放访问 Servlet 的 URL，可以使用相对地址。详见清单 7-3。

清单 7-3　input.jsp 关键代码

```html
<form name="form1" action="FirstServlet" method="post">
请输入一个正整数 <input type="text" name="num">
<input type="submit" value=" 猜数开始 ">
</form><br>
```

在 FirstServlet.java 中重写 doGet( ) 和 doPost( ) 方法。详见清单 7-4。

清单 7-4　重写后的 FirstServlet.java 代码

```java
public class FirstServlet extends HttpServlet {
    public void doGet(HttpServletRequest request, HttpServletResponse response) throws ServletException, IOException {
        doPost(request,response);                                    // 调用 doPost( ) 方法
    }
    public void doPost(HttpServletRequest request, HttpServletResponse response)throws ServletException, IOException {
        // 设置输出为中文，解决中文乱码问题
        response.setContentType("text/html;charset=gb2312");
        // 将输入转为中文
        request.setCharacterEncoding("GBK");
        String numstr=request.getParameter("num");
```

```
                if(numstr!=null){
                    int num=Integer.parseInt(numstr);
                    if(num==88){
                        response.sendRedirect("right.jsp");          // 重定向
                    }
                    else{
                        request.getRequestDispatcher("wrong.jsp").forward(request, response);     // 转发
                    }
                }
                else {
                    PrintWriter out = response.getWriter();
                    out.println(" 您没有在 input.jsp 页面中输入一个数或者未通过 input.jsp 页面访问本 Servlet!");
                }
            }
```

至此，自定义的 Servlet——FirstServlet.java 已编写完毕。

2. 运行 Servlet

启动 Tomcat 服务器，打开浏览器，根据 web.xml 中设置的访问 URL，即 http://localhost:8080/MyWeb/FirstServlet，运行清单 7-4 所示的 FirstServlet.java，页面效果如图 7-9 所示。

图 7-9 运行效果

简易猜数游戏运行过程如图 7-10～图 7-13 所示。

图 7-10 简易猜数游戏运行效果（一）

图 7-11 简易猜数游戏运行效果（二）

图 7-12 简易猜数游戏运行效果（三）

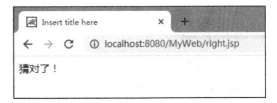

图 7-13 简易猜数游戏运行效果（四）

同步实训任务单

实训任务单	
任务名称	显示当前时间
训练要点	能创建并运行 Servlet
需求说明	编写一个 Servlet 类,在该类中获取当前系统日期并输出显示
完 成 人	完成时间
实训步骤	

任务小结

开发 Servlet 的一般步骤如下。

1)编写 Servlet,设置访问 URL,重写 doGet( ) 和 doPost 方法。

创建 Servlet 类时,必须继承自 HttpServlet,HttpServlet 作为一个抽象类用来创建用户自己的 Servlet。HttpServlet 的子类至少重写 doGet( ) 和 doPost( ) 方法中的一个。

其中,doGet( ) 方法响应 get 方式的请求,doPost( ) 方法可以响应 post 方式的请求。通常表单提交都使用 post 方式,超链接使用 get 方式。

2)通过 URL 来访问并运行 Servlet。

任务3 使用 Filter 解决中文乱码问题

问题引入

在之前的 Web 开发中,为了解决中文乱码的问题,是采用对相关页面进行重新编码的方式,比较烦琐。有没有高效的方法,不需要在每个页面里重新编码,就能解决中文乱码问题?

微课 33 使用 Filter 解决中文乱码问题

解决方法

当 Web 项目中有很多页面都需要进行显示控制时候,使用 Servlet 中的 Filter 可以极大地提高控制效果,同时也降低开发成本,提高工作效率。

知识链接

1. Filter 简介

Filter 被称作过滤器或者拦截器,其基本功能就是对 Servlet 容器调用 Servlet 的过程进行拦截,从而在 Servlet 进行响应处理前后实现一些特殊功能。图 7-14 描述了 Filter 的拦截过程。Filter 是 servlet 规范中定义的 Java Web 组件,在所有支持 Java Web 的容器中都可以使用。

图 7-14 过滤器工作过程

当客户端发生请求后，在 HttpServletRequest 到达 Servlet 之前，过滤器拦截客户的 HttpServletRequest。根据需要检查 HttpServletRequest，也可以修改 HttpServletRequest 头和数据。在过滤器中调用 doFilter( ) 方法，对请求放行。请求到达 Servlet 后，对请求进行处理并产生 HttpServletResponse 返回给客户端。在 HttpServletResponse 到达客户端之前，过滤器拦截 HttpServletResponse。根据需要检查 HttpServletResponse，可以修改 HttpServletResponse 头和数据。最后，HttpServletResponse 到达客户端。

2. Filter 接口

在开发过滤器时，需要实现 Filter 接口，这个接口存在于 javax.servlet 包。

Filter 接口定义了 3 个方法，见表 7-3

表 7-3　Filter 接口的方法

方 法 名 称	方 法 描 述
void init(FilterConfig filterConfig)	Web 容器调用该方法实现过滤器的初始化
void doFilter(ServletRequest request, ServletResponse response,FilterChain chain)	当客户端请求资源时，Web 容器会调用与资源对应的过滤器的 doFilter( ) 方法。在该方法中，可以对请求和响应进行处理，实现过滤功能
void destroy( )	Web 容器调用该方法，使过滤器失效

3. Filter 的生命周期

Filter 的创建和销毁由 Web 服务器控制。

1）创建实例并初始化。服务器启动的时候，Web 服务器创建 Filter 的实例对象，并调用其 init( ) 方法，完成对象的初始化。Filter 对象只会创建一次，init( ) 方法也只会执行一次。

2）执行过滤。拦截到请求时，执行 doFilter( ) 方法。可以执行多次此方法。

3）销毁。服务器关闭时，Web 服务器销毁 Filter 的实例对象。

任务实施

下面通过编写字符编码 Filter，来解决中文乱码问题。

1. 创建 Filter

过滤器在实际的开发过程中，以类的形式存在，同时还必须实现 Filter 接口，然后在 doFilter( ) 方法内编写设置字符编码的语句。可以通过 IDE 集成开发工具进行创建。下面以 Eclipse 为例介绍 Filter 的创建过程。

在 Web 项目的相关包节点上右击，在弹出的快捷菜单中选择 New → Filter 命令，弹出

Create Filter 对话框，在其中输入 Filter 类名称 CharsetFilter，如图 7-15 所示。单击 Next 按钮，编写 Filter mapping 为 /*，如图 7-16 所示。最后，单击 Finish 按钮。

图 7-15 创建 Filter（一）

图 7-16 创建 Filter（二）

Filter 创建完后系统会生成一个 CharsetFilter.java 文件，代码如清单 7-5 所示。

清单 7-5 使用 Filter 向导创建的 CharsetFilter.java 代码

```java
package filter;
import java.io.IOException;
import javax.servlet.Filter;
import javax.servlet.FilterChain;
import javax.servlet.FilterConfig;
import javax.servlet.ServletException;
import javax.servlet.ServletRequest;
import javax.servlet.ServletResponse;
import javax.servlet.annotation.WebFilter;
/**
 * Servlet Filter implementation class CharsetFilter
 */
@WebFilter(asyncSupported = true, urlPatterns = { "/*" })
public class CharsetFilter implements Filter {

    /**
     * Default constructor.
     */
    public CharsetFilter() {
        // TODO Auto-generated constructor stub
    }

    /**
     * @see Filter#destroy()
     */
    public void destroy() {
        // TODO Auto-generated method stub
```

```
        }
        /**
         * @see Filter#doFilter(ServletRequest, ServletResponse, FilterChain)
         */
        public void doFilter(ServletRequest request, ServletResponse response, FilterChain chain) throws IOException, ServletException {
                // TODO Auto-generated method stub
                // place your code here

                // pass the request along the filter chain
                chain.doFilter(request, response);
        }

        /**
         * @see Filter#init(FilterConfig)
         */
        public void init(FilterConfig fConfig) throws ServletException {
                // TODO Auto-generated method stub
        }

}
```

可以看到，CharsetFilter 实现了 Filter 接口及其 3 个方法。

2. **配置 Filter**

在代码中直接使用 @WebFilter 注解进行 Filter 的配置。上述代码中加粗部分 @WebFilter (asyncSupported = true, urlPatterns = { "/*" }) 对 Filter 进行了配置。

常用配置项 urlPatterns，用于配置要拦截的资源。其有四种配置方式：

1）以指定资源匹配，例如 "/index.jsp"。
2）以目录匹配，例如 "/servlet/*"。
3）以扩展名匹配，例如 "*.jsp"。
4）通配符，拦截所有 web 资源，例如 "/*"。

本例需要对所有的资源进行拦截，所以配置为"/*"。

3. **完善 doFilter( ) 方法**

在 doFilter( ) 方法中编写过滤功能代码。详见清单 7-6。

清单 7-6　CharsetFilter.java 代码

```
package filter;
import java.io.IOException;
import javax.servlet.Filter;
import javax.servlet.FilterChain;
import javax.servlet.FilterConfig;
import javax.servlet.ServletException;
import javax.servlet.ServletRequest;
```

```java
import javax.servlet.ServletResponse;
import javax.servlet.annotation.WebFilter;
/**
 * Servlet Filter implementation class CharsetFilter
 */
@WebFilter(asyncSupported = true, urlPatterns = { "/*" })
public class CharsetFilter implements Filter {

    /**
     * Default constructor.
     */
    public CharsetFilter() {
        // TODO Auto-generated constructor stub
    }

    /**
     * @see Filter#destroy()
     */
    public void destroy() {
        // TODO Auto-generated method stub
    }

    /**
     * @see Filter#doFilter(ServletRequest, ServletResponse, FilterChain)
     */
    public void doFilter(ServletRequest request, ServletResponse response, FilterChain chain) throws IOException, ServletException {
        // TODO Auto-generated method stub
        // place your code here
        System.out.println(" 执行字符 Filter 了！ ");
        request.setCharacterEncoding("GBK");
        response.setCharacterEncoding("GBK");
        // pass the request along the filter chain
        chain.doFilter(request, response);
    }

    /**
     * @see Filter#init(FilterConfig)
     */
    public void init(FilterConfig fConfig) throws ServletException {
        // TODO Auto-generated method stub
    }
}
```

4. 运行演示

编写一个 Servlet，功能是在页面输出一串中文。详见清单 7-7。

清单 7-7　GbkServlet.java 代码

```java
package web;
import java.io.IOException;
import javax.servlet.ServletException;
import javax.servlet.annotation.WebServlet;
import javax.servlet.http.HttpServlet;
import javax.servlet.http.HttpServletRequest;
import javax.servlet.http.HttpServletResponse;
/**
 * Servlet implementation class GbkServlet
 */
@WebServlet("/Gbk")
public class GbkServlet extends HttpServlet {
    private static final long serialVersionUID = 1L;

    /**
     * @see HttpServlet#doGet(HttpServletRequest request, HttpServletResponse response)
     */
    protected void doGet(HttpServletRequest request, HttpServletResponse response) throws ServletException, IOException {
        // TODO Auto-generated method stub
        response.getWriter().write(" 我爱你中国 ");;
    }

    /**
     * @see HttpServlet#doPost(HttpServletRequest request, HttpServletResponse response)
     */
    protected void doPost(HttpServletRequest request, HttpServletResponse response) throws ServletException, IOException {
        // TODO Auto-generated method stub
        doGet(request, response);
    }
}
```

在没有编写 Filter 时，运行以上 Servlet 的结果如图 7-17 所示，中文显示为乱码。创建并配置好 Filter 后，再次运行该 Servlet，结果如图 7-18 所示，中文正常显示，没有乱码。

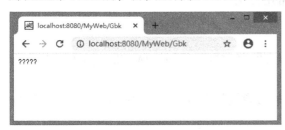

图 7-17　未使用 Filter 时的显示

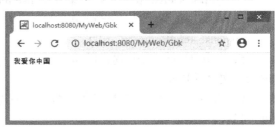

图 7-18　使用 Filter 后正常显示

同步实训任务单

实训任务单

任 务 名 称	在网络留言板系统中使用过滤器解决中文乱码问题		
训 练 要 点	能编写及配置过滤器		
需 求 说 明	修改网络留言板系统相关 JSP 页面代码，删除原来处理中文乱码的代码，使用过滤器解决中文乱码问题		
完 成 人		完 成 时 间	
实 训 步 骤			

任务小结

Filter 被称作过滤器或者拦截器，其基本功能就是对 Servlet 容器调用 Servlet 的过程进行拦截。Filter 的生命周期包含 3 个阶段。

1）创建实例并初始化。服务器启动的时候，Web 服务器创建 Filter 的实例对象，并调用其 init( ) 方法，完成对象的初始化。Filter 对象只会创建一次，init( ) 方法也只会执行一次。

2）执行过滤。拦截到请求时，执行 doFilter( ) 方法。可以执行多次此方法。

3）销毁。服务器关闭时，Web 服务器销毁 Filter 的实例对象。

小 结

1. Servlet 是一个 Java 程序，是运行在服务器端的，用于接收和处理用户请求，并做出响应的程序。Servlet 是纯 Java 文件，是一个继承 HttpServlet 的类。

2. Servlet 编程模式。

创建 Servlet 类时，必须继承自 HttpServlet，HttpServlet 作为一个抽象类用来创建用户自己的 Servlet。HttpServlet 的子类至少重写 doGet( ) 和 doPost( ) 方法中的一个。

doGet( ) 方法响应 get 方式的请求，doPost( ) 方法可以响应 post 方式的请求。通常表单提交都使用 post 方式，超链接使用 get 方式。

3. HttpServletRequest 类对象 request 的常用方法：

request.getParameter(String)；

request.setCharacterEncoding("GBK")；

request.setAttribute(String,Object)；

request.getAttribute(String)。

4. HttpServletResponse 类对象 response 的常用方法：

response.setContentType(String)；

response.sendRedirect("url")。

5. 使用 HttpSession 提供的 setAttribute( ) 方法保存数据，使用 getAttribute( ) 方法获取用户的一次会话数据。

6. Filter 被称作过滤器或者拦截器，其基本功能就是对 Servlet 容器调用 Servlet 的过程进行拦截。

Filter 的生命周期包含 3 个阶段。

1）创建实例并初始化。服务器启动的时候，Web 服务器创建 Filter 的实例对象，并调用其 init( ) 方法，完成对象的初始化。Filter 对象只会创建一次，init( ) 方法也只会执行一次。

2）执行过滤。拦截到请求时，执行 doFilter( ) 方法。可以执行多次此方法。

3）销毁。服务器关闭时，Web 服务器销毁 Filter 的实例对象。

习 题

一、填空题

1. Servlet 常用来处理 HTML 的 get 请求和_____请求。
2. Servlet 的生命周期始于将它装入 Web 服务器的内存时，并在_____时结束。
3. Filter 的创建和销毁由 Web 服务器控制。服务器启动的时候，Web 服务器创建 Filter 的_____，并调用其_____方法，完成对象的初始化。Filter 对象只会创建_____次，init( ) 方法也只会执行_____次。拦截到请求时，执行_____方法。

二、选择题

1. 在部署 Java Web 程序时，（　　）是必需的。
   A．web.xml 文件　　　　　　　　B．index.html 文件
   C．WEB-INF 文件夹　　　　　　D．classes 文件夹
2. 在 javax.servlet.http.*API 中，HttpServlet 的（　　）方法用来处理客户端的请求。
   A．init( )　　　B．doPost( )　　　C．doGet( )　　　D．destroy( )
3. 在 Java Web 应用程序中，给定一个 Servlet 的 doGet( ) 方法中的代码片段如下：

```
request.setAttribute("name","zhang");
response.sendRedirect("http://localhost:8080/servlet/MyServlet");
```

那么，在 MyServlet 中可以使用（　　）语句把属性 name 的值取出来。
   A．String str=request.getAttribute("name");
   B．String str=(String)request.getAttribute("name");
   C．Object str=request.getAttribute("name");
   D．无法取出来
4. （　　）方法是 Servlet 的核心。
   A．init( )　　　B．service( )　　　C．destroy( )　　　D．GetServletInfo( )
5. Java Servlet 定义了一个（　　）接口，实现了 session 的功能。
   A．session　　　B．request　　　C．HttpSession　　　D．application
6. 编写一个 Filter，需要（　　）。
   A．继承 Filter 类　　B．实现 Filter 接口　　C．继承 HttpFilter 类　　D．实现 HttpFilter 接口

三、编程题

根据用户输入的身份证号码计算出用户的年龄。要求如下：

1）age.html 为用户录入页面。
2）使用 AgeServlet.java 计算出用户的年龄。
3）使用 show.jsp 显示用户的年龄。

模块 8

MVC 开发模式

模块简介

通过前面的学习了解到 JSP 技术是在 Servlet 技术的基础上形成的，它的主要任务是简化页面的开发。在编写程序的时候，把大量的 Java 代码写在了 JSP 页面中，进行程序控制和业务逻辑的操作，而这违背了 Java Web 开发技术的初衷，也给开发人员带来了很大困扰。为了解决这个问题，在进行项目设计时采用 MVC 设计模式。通过本模块的学习，了解 MVC 模式原理，会在 Web 项目中使用 MVC 模式。

课证融通：Java Web 应用开发职业技能等级（初级）所要求的2.3技能

学习导航

模块 8 MVC 开发模式

- 技能目标
  - 会在 Web 项目中使用 MVC 模式
  - 会使用 HttpSession 对象进行数据存储
  - 会使用 EL 表达式
- 知识目标
  - 掌握 MVC 模式原理
  - 掌握 MVC 模式的实现方法
  - 掌握 EL 表达式的基本语法格式及使用方法
- 工作任务
  - 认识 MVC 开发模式
  - 使用 MVC 模式实现网络留言板系统的用户登录

任务1 认识 MVC 开发模式

问题引入

MVC 享有"全球第一设计模式"的美誉，是当前最为流行的 Web 开发模式。MVC 是 Sun 公司开发的设计模式。在 Java Web 开发中，MVC 模式的结构是怎样的？

解决方法

MVC 并不是 Java 语言所特有的设计思想，也不是 Web 应用所特有的思想，它是所有面向对象程序设计语言都应该遵守的规范。MVC 有利于系统的维护和功能的扩展，有利于开发的分工，有利于组件的重用。

微课 34　MVC 模式概述

知识链接

1. MVC 模式原理

MVC 是一种设计模式，它强制性地将应用程序的输入、处理、输出流程按照 Model、View、Controller 的方式进行分离，并被分成 3 层：模型层、视图层、控制器层。图 8-1 描述了这 3 层的功能及它们的关系。

图 8-1　MVC 设计模式

首先，控制器接收用户的请求，并决定应该调用哪个模型来进行处理；然后，模型根据用户请求进行相应的业务逻辑处理，并返回数据；最后，控制器调用相应的视图来格式化模型返回的数据，并通过视图呈现给用户。

1）视图（View），代表用户交互界面。对于 Web 应用来说，可以概括为 HTML 界面，但也可能为 XHTML、XML 和 Applet。视图向用户显示相关的数据，并能接收用户输入的数据，但是它并不进行任何实际的业务处理。视图可以向模型查询业务状态，但不能改变模型。视图还能接收模型发出的数据更新事件，从而对用户界面进行同步更新。

2）模型（Model），负责业务流程/状态的处理及业务规则的制定。业务流程的处理过程对其他层来说是黑箱操作，模型接收视图请求的数据并返回最终的处理结果。一个模型能为多个视图提供数据。模型的设计可以说是 MVC 的核心。一个模型可能对应多个视图，一个视图也可能对应多个模型。

3）控制器（Controller），可以理解为从用户接收请求，将模型与视图匹配在一起，共同完成用户的请求。控制层不做任何的数据处理。

2. MVC 模式的优点

（1）各司其职、互不干涉

在 MVC 模式中，3 个层各司其职，所以如果哪一层的需求发生了变化，就只需要更改相应层中的代码即可，不会影响其他层。

（2）有利于开发中的分工

在 MVC 模式中，由于按层把系统分开，那么就能更好地实现开发中的分工。网页设计人员可以开发页面，对业务熟悉的开发人员可以开发模型中相关业务处理的方法，而其他开发人员可以开发控制器，以进行程序控制。

（3）有利于组件的重用

分层后更有利于组件的重用，如控制层可独立成一个通用的组件，视图层也可做成通用的操作界面。

MVC 最重要的特点是把显示与数据分离，这样就增加了各个模块的可重用性。

任务实施

最典型的 MVC 就是 JSP + Servlet + JavaBean 的模式，如图 8-2 所示。

图 8-2　MVC 编程模式（JSP + Servlet + JavaBean）

当客户端发送请求时，服务器端 Servlet 接收请求数据，并根据数据，调用模型中相应的方法访问数据库，然后把执行结果返回给 Servlet，Servlet 根据结果转向不同的 JSP 或 HTML 页面，以响应客户端请求。

在 MVC 模式下开发程序时，应注意在视图（JSP）中，不要进行业务逻辑和程序控制的操作，视图只是显示动态内容，不做其他操作。模型与控制器也是一样的，它们有各自的"工作内容"，应该让它们各尽其职。

同步实训任务单

实训任务单	
任务名称	识别 MVC 模式各部分
训练要点	能识别 MVC 及其功能
需求说明	请指出图 8-3 中的 Model、View、Controller 部分。 图 8-3 识别 MVC 模式各部分
完 成 人	完成时间
实训步骤	

任务小结

MVC 是一种流行的软件设计模式，它把系统分为 3 个模块。

1）模型（Model）：模型层，对应的组件是 Java 类（完成业务逻辑处理、状态管理的功能）。

2）视图（View）：视图层，即与用户实现交互的界面，通常实现数据的输入和输出功能，对应的组件是 JSP 或 HTML。

3）控制器（Controller）：控制层，起到控制整个业务流程的作用，实现视图和模型部分的协同工作，对应的组件是 Servlet。

任务 2　使用 MVC 模式实现网络留言板系统的用户登录

问题引入

MVC 模式强制性地将应用程序的输入、处理、输出流程按照 Model、View、Controller 的方式进行分离，分成模型层、视图层、控制层。MVC 模式能够把显示与数据分离，在 Web 开发中经常会使用 MVC 模式。现使用

微课 35　MVC 模式的应用

MVC模式实现网络留言板系统的用户登录,运行效果如图8-4～图8-6所示,该如何实现呢?

图8-4 登录页面(login.jsp)

图8-5 登录失败页面(error.jsp)

图8-6 登录成功页面(ok.jsp)

解决方法

MVC模式的实现过程:
1)实现模型。
2)实现控制器。
3)实现视图。

知识链接

1. JSP脚本的缺点

使用JSP脚本可以实现页面输出显示,为什么还需要使用EL简化输出呢?这是因为单纯使用JSP脚本与HTML标签混合实现输出显示的方式存在一些弊端。

1）代码结构混乱，可读性差。
2）脚本与 HTML 标签混合，容易导致错误。
3）代码不易维护。

基于以上原因，可以使用 EL 对 JSP 输出进行优化。

2. EL 表达式

（1）EL 表达式的定义

EL（Expression Language）是一种借鉴了 JavaScript 和 XPath 的表达式语言。EL 定义了一系列的隐含对象和操作符，开发人员能够很方便地访问页面内容，且因不用作用域内的对象，而无须在 JSP 中嵌入 Java 代码，从而使得页面结构更加清晰，代码可读性更高，也更加便于维护。

（2）EL 表达式的语法

EL 表达式语法非常简单。EL 表达式的语法结构如下。

> ${EL 表达式}

语法结构中包含"$"符号和"{}"括号，二者缺一不可。

使用 EL 表达式也非常简单，如 ${username} 就可以实现访问变量 username 的值。（注意：使用 EL 表达式获取变量前，必须将操作的对象保存到作用域中。）

此外，使用 EL 表达式还可以访问对象的属性，这需要使用"."操作符或"[]"操作符来完成。例如，${news.title} 和 ${news["title"]} 是等价的，它们都可以访问 news 对象的 title 属性。此外，可以通过"[ ]"操作符访问数组对象，例如，${newsList[0].name} 可以访问 newsList 数组中的第一个对象的 name 属性。

（3）EL 表达式的作用域访问对象

有 4 种作用域：page、request、session 和 application。为了能够访问这 4 个作用域内的数据，EL 表达式分别提供了 4 种作用域访问对象。这 4 个作用域访问对象为 pageScope、requestScope、sessionScope 和 applicationScope。

使用作用域访问对象、读取对象属性非常简单，采用"${作用域.对象名.属性名}"的方式即可实现。例如，${requestScope.news.title}。

任务实施

1. 实现模型

本任务中使用的数据库为网络留言板系统的数据库。用户登录模块文件分层表见表 8-1。

表 8-1 用户登录模块文件分层表

视 图	模 型	控 制 器
ch07/login.jsp	entity.AdminUser.java	web.DoLogin.java
ch07/error.jsp	dao. AdminUserDao.java	
ch07/ok.jsp		

模型实现过程详见清单 8-1 和清单 8-2。

清单 8-1　AdminUser.java 代码

```java
package entity;
public class AdminUser {
    private int id;
    private String uname;
    private String pwd;
    public int getId( ) {
        return id;
    }
    public void setId(int id) {
        this.id = id;
    }
    public String getUname( ) {
        return uname;
    }
    public void setUname(String uname) {
        this.uname = uname;
    }
    public String getPwd( ) {
        return pwd;
    }
    public void setPwd(String pwd) {
        this.pwd = pwd;
    }
}
```

清单 8-2　AdminUserDao.java 代码

```java
package dao;
import java.sql.*;
import javax.sql.*;
import util.BaseDao;
import entity.*;
public class AdminUserDao {
        Connection conn = null;                         // 数据库连接
        PreparedStatement pstmt = null;                 // 创建 PreparedStatement 对象
        ResultSet rs = null;                            // 创建结果集对象
        public AdminUser findUser(String uName){
            String sql="select * from adminusers where uname=?";
            AdminUser user=new AdminUser( );
```

```java
        try {
            conn = BaseDao.getConn();                              // 获取数据库连接
            pstmt = conn.prepareStatement(sql);
            pstmt.setString(1, uName);
            rs=pstmt.executeQuery();
            while(rs.next()){
                user.setId(rs.getInt(1));
                user.setUname(rs.getString(2));
                user.setPwd(rs.getString(3));
            }
        } catch (ClassNotFoundException e) {
            e.printStackTrace();
        } catch (SQLException e) {
            e.printStackTrace();
        } finally{
            BaseDao.closeAll(conn, pstmt, rs);
        }
        return user;
    }
}
```

2. 实现控制器

实现 Servlet。详见清单 8-3。

清单 8-3　DoLogin.java 代码

```java
package web;
import java.io.IOException;
import java.io.PrintWriter;
import entity.*;
import dao.*;
import javax.servlet.ServletException;
import javax.servlet.http.HttpServlet;
import javax.servlet.http.HttpServletRequest;
import javax.servlet.http.HttpServletResponse;
import javax.servlet.http.HttpSession;
@WebServlet("/Login ")
public class DoLogin extends HttpServlet {
    public void doGet(HttpServletRequest request, HttpServletResponse response)
            throws ServletException, IOException {
        this.doPost(request, response);
    }
```

```java
public void doPost(HttpServletRequest request, HttpServletResponse response)
        throws ServletException, IOException {
    response.setContentType("text/html; charset=GBK");
    request.setCharacterEncoding("GBK");
    String uName = request.getParameter("uName");        // 取得请求中的登录名
    String uPass = request.getParameter("uPass");
    AdminUser u=new AdminUserDao( ).findUser(uName);
    if(u.getPwd( ).equals(uPass)){
        HttpSession session=request.getSession( );
        session.setAttribute("user", u);
        response.sendRedirect("ch07/ok.jsp");
    }
    else response.sendRedirect("ch07/error.jsp");
}
```

3. 实现视图

JSP 页面代码。详见清单 8-4 和清单 8-5。

清单 8-4 login.jsp 关键代码

```html
<FORM name="loginForm" onSubmit="return check( )" action="../Login" method="post">
    <br/> 用户名  <INPUT class="input" type="text" maxLength="20" size="35" name="uName">
    <br/> 密　码  <INPUT class="input" type="password" maxLength="20" size="40" name="uPass">
    <br/><INPUT class="btn" type="submit" value=" 登录 "><INPUT class="btn" type="reset" value=" 重填 "><a href="lost/lost.jsp"> 忘记密码 </a>
</FORM>
```

清单 8-5 ok.jsp 代码

```jsp
<%@ page language="java" contentType="text/html; charset=GBK"
    pageEncoding="GBK"%>
<html>
<head>
<title> 登录成功 </title>
</head>
<body>
欢迎 ${user.uname }，成功登录。
</body>
</html>
```

在清单 8-5 中使用了 EL 表达式 ${user.uname }。

同步实训任务单

实训任务单	
任务名称	使用 MVC 模式显示公告
训练要点	在应用程序中使用 MVC 模式 使用 Servlet 开发应用程序
需求说明	使用 MVC 模式，以及 JSP、Servlet 技术实现在 JSP 页面中以列表的形式显示 Mini 综合办公系统中公告表 tb_Announcement（见表 8-2）中的所有数据 **表 8-2 公告表 tb_Announcement** | 字段名称 | 字段说明 | 类型 | 属性 | 备注 | |---|---|---|---|---| | id | 公告 id | int | 非空 | 标识 | | title | 公告标题 | varchar | 非空 | | | contents | 公告内容 | varchar | 非空 | | | inputtime | 发表时间 | datetime | 非空 | | | updatetime | 更新时间 | datetime | | | | place | 发布部门 | varchar | | | | remarks | 备注 | varchar | | |
完成人		完成时间	
小提示	实现思路： 1）开发模型：AnnouncementDao 类和 VO 类，实现查询方法。 2）开发控制器：创建 Servlet 作为控制器，调用模型，使用 HttpSession 存放查询结果，转向指定的视图。 3）开发视图：创建公告显示页面，使用 EL 和 JSTL 显示公告信息。 提示：JSTL 中迭代标签语法格式如下。 <c:forEach items="collection" var="name"> // 循环体内容 </c:forEach> 其中，var 指定变量的名称；items 指定要遍历的对象集合，可以是数组、List 或 Map。在使用 JSTL 时，需要使用 taglib 指令，即 <%@ taglib uri="http://java.sun.com/jsp/jstl/core" prefix="c" %> 可以参考网站 https://www.runoob.com/jsp/jsp-jstl.html
实训步骤	

任务小结

EL 表达式的语法结构：${EL 表达式}。

其中包含"$"符号和"{}"括号，二者缺一不可。

EL 表达式访问对象的属性使用"."操作符或"[]"操作符。

使用 EL 表达式获取变量前，必须将操作的对象保存到作用域中。

小　结

1. MVC 是一种流行的软件设计模式，它把系统分为以下 3 个模块。

1）模型（Model）：模型层，对应的组件是 Java 类（完成业务逻辑处理、状态管理的功能）。

2）视图（View）：视图层，即与用户实现交互的界面，通常实现数据的输入和输出功能，对应的组件是 JSP 或 HTML。

3）控制器（Controller）：控制层，起到控制整个业务流程的作用，实现视图和模型部分的协同工作，对应的组件是 Servlet。

2. MVC 模式由 Servlet 充当控制器，负责接收客户端请求，调用响应的模型处理业务逻辑和数据，再由 Servlet 根据处理的结果选择相应的 JSP 或 HTML 文件响应客户端。

3. EL 是在 JSP 2.0 之后推出的，使用 EL 可以输出各种信息其语法结构为 ${EL 表达式}。

4. EL 表达式具有类型无关性，可以使用"."或者"[]"操作符在相应的作用域（page、request、session、application）中取得某个属性的值。

5. EL 表达式提供了 pageScope、requestScope、sessionScope、applicationScope、param、paramValues、pageContext 等隐式对象。

6. 在 JSP 中完成动态信息输出有 3 种方式：out 对象、JSP 表达式和表达式语言（Expression Language，EL）

习　题

一、填空题

1. MVC 对应的英文是_____，即模型—视图—控制器。

2. 在 MVC 模式中，_____接收用户的请求，并决定应该调用_____进行处理；然后，_____根据用户请求进行相应的业务逻辑处理，并返回数据；最后，调用相应的_____格式化模型返回的数据，并通过_____呈现给用户。

二、选择题

1. 以下不属于 MVC 设计模式中 3 个模块的是（　　）。
  A．模型   B．表示层   C．视图   D．控制器

2. 在 MVC 设计模式中，（　　）接收用户请求数据。
  A．HTML   B．JSP   C．Servlet   D．业务类

3. 表达式语言（EL）是 JSP 技术的主要特点之一。JSP 表达式语言是从（　　）规范开始支持的技术。
  A．JSP 2.0   B．JSP 1.2   C．JSP 1.1   D．JSP 1.0

三、编程题

使用 MVC 模式及 JSP、Servlet 技术实现网络留言板系统中的发表留言功能。

模块 9
Java Web 进阶阶段实训

模块简介

通过本阶段的学习,已经掌握了 Servlet 开发技术、使用 MVC 模式进行 Web 系统开发。本模块为 Java Web 进阶阶段实训,使用前面所学技能构建简单的 Web 数据库应用系统。

学习导航

任务 实现在线收藏夹

问题引入

使用 MVC 模式开发一个在线收藏夹,用 MySQL 作为后台数据库,该系统具有添加到收藏夹和显示收藏夹的功能。该如何实现呢?

解决方法

可以将感兴趣的网址标记为某种书签(Tag),通过添加书签的方式将其加入收藏夹中。在添加书签时,需要录入书签的名称、链接、Tag 和描述;Tag 可以有多个,用英文逗号隔开;名称和链接为必填项。添加书签页面如图 9-1 所示。

以书签的方式查看收藏夹中的链接信息,如图 9-2 所示。左侧显示全部 Tag 列表;单击某个 Tag,右侧显示这个 Tag 下的所有书签。

图 9-1 添加书签

图 9-2 查看收藏夹

任务实施

（1）创建数据表

有两个数据表，即 tag 和 favorite，见表 9-1 和表 9-2。

表 9-1 tag 表

列 名	数 据 类 型	长 度	允 许 空
t_id	int	8	
t_name	nvarchar	100	

表 9-2 favorite 表

列 名	数 据 类 型	长 度	允 许 空
f_id	int	8	
f_label	nvarchar	200	
f_url	nvarchar	200	
f_tags	nvarchar	200	允许
f_desc	nvarchar	500	允许

（2）创建模型

1）实体类：Fav.java、Tag.java。

2）相关数据访问类：FavDAO.java、TagDAO.java。详见清单 9-1。

清单 9-1 相关数据访问类代码框架

```
public class FavDAO {
    public int add(Fav item){
        // 实现向 favorite 表中添加数据
    }
    public List search(String type){
        // 实现根据指定的 f_tags 查询 favorite 表中的相关数据，当 type="-1" 时查询所有数据
    }
}
public class TagDAO {
    public List search( ){
        // 查询 tag 表中的所有记录
    }
}
```

```java
    public Tag get(String tagName){
        // 查询 tag 表中是否有 t_name 的记录
    }
    public int add(Tag item){
        // 向 tag 表中添加数据
    }
}
```

3）业务逻辑类：FavBiz.java、TagBiz.java。详见清单 9-2。

清单 9-2　业务逻辑类代码框架

```java
public class TagBiz {
    public void dealWithTag(String tagName){
        // 根据 tagName 名称查询 tag 表
        // 如果 tag 表中还没有则插入
    }
    public List search( ){
        // 查询 tag 表中的所有记录
            List ret = this.tagDAO.search( );
        return ret;
    }
}
public class FavBiz {
    public void add(Fav fav){
        // 添加 fav 到数据库，需要将数据插入 favorite 表
        // 分离出各个 tag 值，若 tag 表中没有则插入 tag 表
        String tags = fav.getTags( );
                if (tags!=null && !tags.trim( ).equals("")){
                    String[] arrTags = tags.split(",");
                if (arrTags!=null && arrTags.length>0){
                    for(int i=0;i<arrTags.length;++i){
                        String tag = arrTags[i];
                        this.tagBiz.dealWithTag(tag);
                    }
                }
            }
    }
    public List search(String type) {
        // 根据 type 值查询 favorite 表
    }
}
```

（3）编写控制器

需要两个 Servlet：一个实现添加书签功能；一个实现获取书签列表及某书签下的收藏夹列表并保存到 session 中，再转向图 9-2 所示的页面。

（4）编写视图

页面效果如图 9-1 和图 9-2 所示，使用 EL 和 JSTL 显示左侧书签列表及右侧收藏夹列表信息。

（5）部署运行

将项目发布到 Web 服务器上，运行添加书签及查看收藏夹页面。

阶段 3

Java Web 项目实战

本阶段是 Java Web 的综合实战阶段，此阶段贯穿实战项目——学生会网站项目。在该模块中将学习较完整的项目开发过程：Web 项目需求分析、系统架构设计、数据库设计、详细设计、测试与部署过程。通过本项目实战训练，能够熟练地掌握 Web 应用系统的多层架构设计与开发。

学生会网站项目开发

模块简介

通过前面的学习，已经掌握了使用 Java Web 技术开发应用系统的步骤和方法。本模块为项目实战开发模块，以学生会网站为例，采用 MVC 开发模式，详细介绍开发该项目的完整过程。

学习导航

一、需求分析

1. 项目概述

学校一直积极建设与完善数字化校园，在网络应用层面已建成若干应用支撑系统，如办公系统、教务系统、数字图书、部门网站等，但缺乏面向学生群体服务的网站系统。为能够方便面向学生的信息发布，学生给提供一个成果展示、交流及学习的平台，学校急需开发学生会网站。

学生会网站系统融合 Java Web 开发技术，可以进行新闻管理、公告管理、文件管理、特色活动管理等，从而实现信息管理无纸化。系统应注重与其他业务系统的衔接，要具备灵活性、可扩展性、可操作性，从而保证数据的准确性和安全性。

2. 系统用例

用例图来确定需求的范围，为设计开发提供依据。用例图将系统看作黑盒，从外部执行者的角度来理解系统。用例是用户与计算机之间一次典型的交互作用。在 UML 中，用例用一个椭圆表示，执行者用简易人类抽象图形来表示，但需要注意实际执行者有时未必是人。

根据对学生会网站项目进行需求分析得出系统主要用例图，如图 10-1～图 10-3 所示，主要角色（Actor）包括系统管理员、学工管理员、学生。

图 10-1 系统管理员用例　　　图 10-2 学工管理员用例　　　图 10-3 学生用例

1）系统管理员角色。系统管理员是学生会网站后台的维护者。系统管理员能够进行登录、用户管理、新闻管理、文件管理、公告管理、特色活动管理、荣誉管理、勤工俭学管理等操作。在用户管理模块中能够管理系统管理员及学工管理员账号、密码及权限。

2）学工管理员角色。学工管理员具有一定的网站后台维护权限，能够进行登录、新闻管理、文件管理、特色活动管理、荣誉管理等操作。

3）学生角色。学生就是学生会网站的浏览者，能够在网站前台查看新闻、公告、特色活动、荣誉、勤工俭学信息，还能下载文件。

二、系统设计

1. 总体框架设计

学生会网站项目采用 MVC 应用框架。模型包含了应用程序的核心，封装了应用程序的数据结构和业务逻辑。视图实现模块的外观（即表示层）。控制层控制整个框架中各个组件的协调工作，对用户的输入做出反应，并将模型与视图联系在一起，本项目使用 Servlet 充当控制器。

学生会网站项目采用分层设计，即将页面展示层的内容与业务逻辑层和数据访问层分离，便于代码的重用和维护，具有良好的可读性、可修改性、可扩展性和可维护性。学生会网站的框架结构如图 10-4 所示。

图 10-4 学生会网站的框架结构

2. 模块设计

学生会网站系统功能模块如图 10-5 所示。

图 10-5 学生会网站系统功能模块

3. 数据库设计

本项目采用 MySQL 5.1 保存系统数据，相关的数据表见表 10-1～表 10-7。

表 10-1 用户表（user）

字段名称	数据类型	字段长度	说明
id	int	10	自动编号
name	varchar	45	用户名
password	varchar	45	密码
truename	varchar	45	真实姓名
able	int	10	权限（0 为系统管理员，1 为学工管理员）
branch	varchar	45	所属系部
job	varchar	45	职位
gender	varchar	45	性别
email	varchar	45	电子邮件地址
tel	varchar	45	电话号码
address	varchar	45	地址
foundtime	varchar	45	创建时间

表 10-2 公告表（notice）

字段名称	数据类型	字段长度	说明
id	int	10	自动编号
title	varchar	45	标题
content	varchar	200	内容
inputtime	varchar	45	发布时间
department	varchar	45	发布部门

表 10-3　新闻表（news）

字 段 名 称	数 据 类 型	字 段 长 度	说　　明
id	int	10	自动编号
title	varchar	200	标题
lb	varchar	50	类别
contents	varchar	3000	内容
inputtime	varchar	20	发布时间
updatetime	varchar	20	更新时间
department	varchar	50	发布部门
picname	varchar	45	图片文件名
picshow	int	10	图片显示标志（1表示显示图片，0表示不显示图片）

表 10-4　文件表（file）

字 段 名 称	数 据 类 型	字 段 长 度	说　　明
fileid	int	10	文件号（自动编号）
filename	varchar	100	文件名
fileext	varchar	10	文件格式
inputtime	varchar	20	发布时间
department	varchar	45	发布部门

表 10-5　特色活动表（activity）

字 段 名 称	数 据 类 型	字 段 长 度	说　　明
id	int	10	自动编号
title	varchar	100	标题
contents	varchar	2000	内容
inputtime	varchar	20	发布时间
updatetime	varchar	20	修改时间
department	varchar	50	发布部门
images	varchar	50	活动图片名称

表 10-6　荣誉表（honor）

字 段 名 称	数 据 类 型	字 段 长 度	说　　明
id	int	10	自动编号
title	varchar	100	标题
department	varchar	50	发布部门
images	varchar	50	荣誉图片名
inputtime	varchar	45	发布时间

表 10-7　勤工俭学表（workstudy）

字 段 名 称	数 据 类 型	字 段 长 度	说　　明
id	int	10	自动编号
title	varchar	100	标题
contents	varchar	2000	内容
inputtime	varchar	20	发布时间
updatetime	varchar	20	更新时间

4. 类的设计

（1）VO 类设计

特色活动类：Activity.java。

文件类：File.java。

荣誉类：Honor.java。

新闻类：News.java。

公告类：Notice.java。

用户类：User.java。

勤工俭学类：Workstudy.java。

（2）DAO 接口设计

ActivityDao：特色活动数据访问接口，包括特色活动的添加、删除、修改、查询等方法。

FileDao：文件数据访问接口，包括文件的添加、删除、查询等方法。

HonorDao：荣誉数据访问接口，包括荣誉的添加、删除、修改、查询等方法。

NewsDao：新闻数据访问接口，包括新闻的添加、删除、修改、查询等方法。

NoticeDao：公告数据访问接口，包括公告的添加、删除、修改、查询等方法。

UserDao：用户数据访问接口，包括用户的添加、删除、修改、查询等方法。

WorkstudyDao：勤工俭学数据访问接口，包括勤工俭学信息的添加、删除、修改、查询等方法。

（3）业务逻辑接口设计

ActivityBiz：特色活动业务处理接口，包括特色活动的添加、删除、更新、分页显示、查看特色活动详细信息等方法。

FileBiz：文件业务接口，包括文件的添加、删除、分页显示、查看文件详细信息等方法。

HonorBiz：荣誉业务接口，包括荣誉的添加、删除、更新、分页显示、查看荣誉详细信息等方法。

NewsBiz：新闻业务接口，包括新闻的添加、删除、更新、分页显示、前台动态显示图片、查看新闻详细信息等方法。

NoticeBiz：公告业务接口，包括公告的添加、删除、更新、分页显示、查看公告具体信息等方法。

UserBiz：用户业务接口，包括用户的添加、删除、更新、分页显示、查看用户具体信息、用户登录等方法。

WorkstudyBiz：勤工俭学业务接口，包括勤工俭学信息的添加、删除、更新、分页显示、查看勤工俭学具体信息等方法。

（4）工具类设计

Page.java：分页相关工具类，包括获取表的总记录、获取总页码、获取当前页等方法。

BaseDao.java：数据库连接工具类，包括获取数据库连接、释放资源等方法。

（5）Servlet 设计

HomeServlet.java：获取前台首页显示相关的数据列表。

BranchServlet.java：获取前台分支页显示相关的数据列表。

ShowServlet.java：获取前台详细页显示相关的数据。

ActivityServlet.java：依据动作请求参数处理特色活动相关业务逻辑操作。
FileServlet.java：依据动作请求参数处理文件相关业务逻辑操作。
HonorServlet.java：依据动作请求参数处理荣誉相关业务逻辑操作。
NewsServlet.java：依据动作请求参数处理新闻相关业务逻辑操作。
NoticeServlet.java：依据动作请求参数处理公告相关业务逻辑操作。
UserServlet.java：处理用户相关业务逻辑操作。
ValidateCode.java：生成验证码。
WorkstudyServlet.java：依据动作请求参数处理勤工俭学相关业务逻辑操作。

三、网站管理功能实现

1. 网站管理功能概述

只有系统管理员及学工管理员登录后才能进行网站管理。系统管理员能够对用户、新闻、公告、文件、荣誉、特色活动、勤工俭学模块进行管理，学工管理员能够管理新闻、荣誉、特色活动和文件模块。下面以用户管理、新闻管理、文件管理为例讲解具体代码实现，并安排了勤工俭学管理、特色活动管理和荣誉管理实训。

2. 用户管理模块实现

用户管理模块具有添加用户、维护用户信息（删除、更新、显示用户信息）、用户登录等功能。

（1）模型（M）实现

1）创建用户 VO 类。用户 VO 类包括用户 ID、用户名、密码、真实姓名、权限、所属系部、职位、性别、电子邮件地址、电话号码、地址、创建时间。详见清单 10-1。

清单 10-1 User.java 代码

```java
package entity;
public class User {
    private int id;
    private String name;
    private String password;
    private String truename;
    private String able;
    private String branch;
    private String job;
    private String gender;
    private String email;
    private String tel;
    private String address;
    private String foundtime;
    public int getId() {
        return id;
    }
```

```
        public void setId(int id) {
            this.id = id;
        }
// 以下省略其他属性的 set、get 方法
}
```

2）DAO 接口及实现类。详见清单 10-2 ～清单 10-4。

清单 10-2　UserDao.java 代码

```
package dao;
import java.util.List;
import entity.User;
public interface UserDao {
    public User findOneUser(int id);                    // 查询一条管理员信息
    public User findUserByName(String name);            // 根据用户名查询
    public int addUser(User user);                      // 增加一条管理员信息
    public int deleteUser(int id);                      // 删除一条管理员信息
    public int updateUser(User user);                   // 更新一条管理员信息
    public List<User> pagingUser(int page,int pagesize,String condition);        // 用户分页
}
```

清单 10-3　BaseDao.java 代码

```
package dao;
import java.sql.*;
public class BaseDao {
    public final static String driver = "com.mysql.jdbc.Driver";
    public final static String url = "jdbc:mysql://localhost:3306/stuunion";
    public final static String dbName = "root";
    public final static String dbPass = "123";
    static private Connection conn = null;
    static private PreparedStatement pstmt = null;
    static private ResultSet rs = null;
    /**
     * 得到数据库连接
     */
    public static Connection getConn( ) throws ClassNotFoundException, SQLException{
        Class.forName(driver);
        return DriverManager .getConnection(url,dbName,dbPass);
    }
    /**
```

```java
     * 释放资源
     */
    public static void closeAll( Connection conn, PreparedStatement pstmt, ResultSet rs ) {
        /* 如果 rs 不空，关闭 rs */
        if(rs != null){
            try { rs.close( );} catch (SQLException e) {e.printStackTrace( );}
        }
        /* 如果 pstmt 不空，关闭 pstmt */
        if(pstmt != null){
            try { pstmt.close( );} catch (SQLException e) {e.printStackTrace( );}
        }
        /* 如果 conn 不空，关闭 conn */
        if(conn != null){
            try { conn.close( );} catch (SQLException e) {e.printStackTrace( );}
        }
    }
    public static int executeSQL(String sql,String[] param) {
        Connection conn = null;
        PreparedStatement pstmt = null;
        int num = 0;
        /* 处理 SQL，执行 SQL */
        try {
            conn = getConn( );
            pstmt = conn.prepareStatement(sql);
            if( param != null ) {
                for( int i = 0; i < param.length; i++ ) {
                    pstmt.setString(i+1, param[i]);      // 为预编译 SQL 设置参数
                }
            }
            num = pstmt.executeUpdate( );
        } catch (ClassNotFoundException e) {
            e.printStackTrace( );
        } catch (SQLException e) {
            e.printStackTrace( );
        } finally {
            closeAll(conn,pstmt,null);
        }
        return num;
    }
}
```

清单 10-4 UserDaoImpl.java 代码

```java
package dao.impl;
import java.sql.*;
import java.util.*;
import dao.*;
import entity.User;
public class UserDaoImpl implements UserDao {
    Connection conn=null;
    PreparedStatement pstmt=null;
    ResultSet rs=null;
    //增加用户信息
    public int addUser(User user) {
        int adduser=0;
        String sql="insert into user(name,password,truename,able,branch,job,sex,email,tel,address,foundTime)values(?,?,?,?,?,?,?,?,?,?,?)";
        String []param={user.getName( ),user.getPassword( ),user.getTruename( ),user.getAble( ),user.getBranch( ),user.getJob( ),user.getSex( ),user.getEmail( ),user.getTel( ),user.getAddress( ),user.getFoundTime( )};
        adduser=BaseDao.executeSQL(sql, param);
        return adduser;
    }
    //删除用户
    public int deleteUser(int id) {
        int delete=0;
        String sql="delete from user where id=?;";
        String []param={Integer.toString(id)};
        delete=BaseDao.executeSQL(sql, param);
        return delete;
    }
    //通过ID查询
    public User findOneUser(int id) {
        User user=new User( );
        String sql="select * from user where id=?";
        try {
            conn=BaseDao.getConn( );
            pstmt=conn.prepareStatement(sql);
            pstmt.setInt(1,id);
            rs=pstmt.executeQuery( );
            if(rs.next( )){
                user.setName(rs.getString("name"));
                user.setPassword(rs.getString("password"));
                user.setAble(rs.getString("able"));
```

```java
                    user.setAddress(rs.getString("address"));
                    user.setBranch(rs.getString("branch"));
                    user.setEmail(rs.getString("email"));
                    user.setFoundTime(rs.getString("foundTime"));
                    user.setId(rs.getInt("id"));
                    user.setJob(rs.getString("job"));
                    user.setSex(rs.getString("sex"));
                    user.setTel(rs.getString("tel"));
                    user.setTruename(rs.getString("truename"));
            }
        } catch (ClassNotFoundException e) {
            e.printStackTrace();
        } catch (SQLException e) {
            e.printStackTrace();
        }finally{
            BaseDao.closeAll(conn, pstmt, rs);
        }
        return user;
}
// 通过姓名查询信息
public User findUserByName(String name) {
        User user=new User();
        String sql="select * from user where name=?";
        try {
            conn=BaseDao.getConn();
            pstmt=conn.prepareStatement(sql);
            pstmt.setString(1,name);
            rs=pstmt.executeQuery();
            while(rs.next()){
                    user.setName(rs.getString("name"));
                    user.setId(rs.getInt("id"));
                    user.setPassword(rs.getString("password"));
                    user.setAble(rs.getString("able"));
                    user.setTruename(rs.getString("truename"));
                    user.setBranch(rs.getString("branch"));
            }
        } catch (ClassNotFoundException e) {
            e.printStackTrace();
        } catch (SQLException e) {
            e.printStackTrace();
        }finally{
            BaseDao.closeAll(conn, pstmt, rs);
```

```java
        }
        return user;
}
// 显示所有的信息
public List<User> findUserList( ) {
        List<User> list=new ArrayList<User>( );
        String sql="select * from user where able!='0'";
        try {
                conn=BaseDao.getConn( );
                pstmt=conn.prepareStatement(sql);
                rs=pstmt.executeQuery( );
                while(rs.next( )){
                        User user=new User( );
                        user.setName(rs.getString("name"));
                        user.setPassword(rs.getString("password"));
                        user.setAble(rs.getString("able"));
                        user.setAddress(rs.getString("address"));
                        user.setBranch(rs.getString("branch"));
                        user.setEmail(rs.getString("email"));
                        user.setFoundtime(rs.getString("foundtime"));
                        user.setId(rs.getInt("id"));
                        user.setJob(rs.getString("job"));
                        user.setGender(rs.getString("gender"));
                        user.setTel(rs.getString("tel"));
                        user.setTruename(rs.getString("truename"));
                        list.add(user);
                }
        } catch (ClassNotFoundException e) {
                e.printStackTrace( );
        } catch (SQLException e) {
                e.printStackTrace( );
        }finally{
                BaseDao.closeAll(conn, pstmt, rs);
        }
        return list;
}
// 修改用户信息
public int updateUser(User user) {
        int update=0;
        String sql="update user set name=?,password=?,truename=?,able=?,branch=?,job=?,sex=?,email=?,tel=?,address=?,foundTime=? where id=?";
        String [] param={user.getName( ),user.getPassword( ),user.getTruename( ),user.getAble( ),
```

```java
                user.getBranch(),user.getJob(),
                user.getSex(),user.getEmail(),user.getTel(),user.getAddress(),user.getFoundtime(),Integer.
                toString(user.getId())};
                update=BaseDao.executeSQL(sql, param);
                return update;
        }
        public List<User> pagingUser(int page, int pagesize,String condition) {// 分页
                List<User> list=new ArrayList<User>();
                int rowBegin=0;        // 表示刚开始的行数，表示每一页第一条记录在数据库中的行数
                if(page>1){
                // 按页数取得开始行数，设每页可以显示 pagesize 条
                        rowBegin=pagesize * (page-1);
                }
                String sql="select * from user "+condition+" limit "+rowBegin+","+pagesize;
                try {
                        conn=BaseDao.getConn();
                        pstmt=conn.prepareStatement(sql);
                        rs=pstmt.executeQuery();
                        while(rs.next()){
                                User user=new User();
                                user.setName(rs.getString("name"));
                                user.setPassword(rs.getString("password"));
                                user.setAble(rs.getString("able"));
                                user.setAddress(rs.getString("address"));
                                user.setBranch(rs.getString("branch"));
                                user.setEmail(rs.getString("email"));
                                user.setFoundtime(rs.getString("foundtime"));
                                user.setId(rs.getInt("id"));
                                user.setJob(rs.getString("job"));
                                user.setGender(rs.getString("gender"));
                                user.setTel(rs.getString("tel"));
                                user.setTruename(rs.getString("truename"));
                                list.add(user);
                        }
                } catch (ClassNotFoundException e) {
                        e.printStackTrace();
                } catch (SQLException e) {
                        e.printStackTrace();
                }
                return list;
        }
}
```

3）业务逻辑接口及实现类。详见清单 10-5～清单 10-7。

清单 10-5　UserBiz.java 代码

```java
package biz;
import java.util.List;
import entity.User;
public interface UserBiz {
    public List<User> findUserList( );              // 查询所有管理员信息
    public User findOneUser(int id);                // 查询一条管理员信息
    public User login(String name);                 // 登录
    public int addUser(User user);                  // 增加一条管理员信息
    public int deleteUser(int id);                  // 删除一条管理员信息
    public int updateUser(User user);               // 更新一条管理员信息
    public List<User> pagingUser(int page,int pagesize,String condition);    // 用户分页
}
```

清单 10-6　UserBizImpl.java 代码

```java
package biz.impl;
import java.util.List;
import dao.impl.UserDaoImpl;
import entity.User;
import biz.UserBiz;
public class UserBizImpl implements UserBiz {
    public int addUser(User user) {
        return new UserDaoImpl( ).addUser(user);
    }
    public int deleteUser(int id) {
        return new UserDaoImpl( ).deleteUser(id) ;
    }
    public User findOneUser(int id) {
        return new UserDaoImpl( ).findOneUser(id);
    }
    public User login(String name) {
        return new UserDaoImpl( ).findUserByName(name);
    }
    public int updateUser(User user) {
        return new UserDaoImpl( ).updateUser(user);
    }
    public List<User> pagingUser(int page, int pagesize,String condition) {
        return new UserDaoImpl( ).pagingUser(page, pagesize,condition);
    }
}
```

清单 10-7　Page.java 代码

```java
package util;
import java.sql.*;
import dao.BaseDao;
public class Page {
    public int getCount(String tablename,String condition){ // 获取表的总记录
        String sql="select count(*) from "+tablename+" "+condition;
        int count=0;
        try{
            Connection con= BaseDao.getConn( );
            PreparedStatement ps=con.prepareStatement(sql);
            ResultSet rs= ps.executeQuery( );
            if(rs.next( )){
                count=rs.getInt(1);
            }
        }catch(Exception e){
            e.printStackTrace( );
        }
        return count;
    }
    public int getTotalPages(int count ,int pageSize){
        int totalpages=0;
        totalpages=(count%pageSize==0)?(count/pageSize):(count/pageSize+1);
        return totalpages;
    }
    public int getcurrentpage(String page,int pageSize,String tablename){
        int totalpage=getTotalPages(getCount(tablename,"") ,pageSize);
        if(page==null){
            page="1"; // 第一页
        }
        int p=Integer.parseInt(page);
        if(p<1){
            p=1;  // 翻页时到了第一页，再翻上一页情况
        }
        else if(p>totalpage){
            p=totalpage;      // 翻页时到了最后一页，再向下翻页情况
        }
        return p;
    }
}
```

（2）控制器（C）实现

与用户管理模块相关的 Servlet 有 UserServlet 和 ValidateCode。在 web.xml 中进行清单 10-8

所示的配置。

清单 10-8　web.xml 配置关键代码

```xml
<servlet>
<servlet-name>validateCode</servlet-name>
<servlet-class>servlet.validateCode</servlet-class>
</servlet>
<servlet>
<servlet-name>UserServlet</servlet-name>
<servlet-class>servlet.UserServlet</servlet-class>
</servlet>
<servlet-mapping>
<servlet-name>validateCode</servlet-name>
<url-pattern>/validateCode</url-pattern>
</servlet-mapping>
<servlet-mapping>
<servlet-name>UserServlet</servlet-name>
<url-pattern>/user/UserServlet</url-pattern>
</servlet-mapping>
```

清单 10-9 和清单 10-10 是 ValidateCode 和 UserServlet 这两个 Servlet 的代码。

清单 10-9　ValidateCode.java 代码

```java
package servlet;
import java.awt.*;
import java.awt.image.BufferedImage;
import java.io.*;
import javax.imageio.ImageIO;
import javax.servlet.*;
import javax.servlet.http.*;
public class validateCode extends HttpServlet {
    private static int WIDTH = 60;
    private static int HEIGHT = 20;
    public void doGet(HttpServletRequest request,HttpServletResponse response)
    throws ServletException,IOException
    {
        HttpSession session = request.getSession();
        response.setContentType("image/jpeg");
        ServletOutputStream sos = response.getOutputStream();
        //设置浏览器不要缓存此图片
        response.setHeader("Pragma","No-cache");
        response.setHeader("Cache-Control","no-cache");
```

```java
        response.setDateHeader("Expires", 0);
        // 创建内存图像并获得其图形上下文
        BufferedImage image = new BufferedImage(WIDTH, HEIGHT, BufferedImage.TYPE_INT_RGB);
        Graphics g = image.getGraphics();
        // 产生随机的认证码
        char [] rands = generateCheckCode();
        // 产生图像
        drawBackground(g);
        drawRands(g,rands);
        // 结束图像的绘制过程，完成图像
        g.dispose();
        // 将图像输出到客户端
        ByteArrayOutputStream bos = new ByteArrayOutputStream();
        ImageIO.write(image, "JPEG", bos);
        byte [] buf = bos.toByteArray();
        response.setContentLength(buf.length);
        // 下面的语句也可以写成：bos.writeTo(sos);
        sos.write(buf);
        bos.close();
        sos.close();
        // 将当前验证码存入到 Session 中
        session.setAttribute("check_code",new String(rands));
}
private char [] generateCheckCode()
{
    // 定义验证码的字符表
    String chars = "0123456789abcdefghijklmnopqrstuvwxyz";
    char [] rands = new char[4];
    for(int i=0; i<4; i++)
    {
        int rand = (int)(Math.random() * 36);
        rands[i] = chars.charAt(rand);
    }
    return rands;
}
private void drawRands(Graphics g , char [] rands)
{
    g.setColor(Color.BLACK);
    g.setFont(new Font(null,Font.ITALIC|Font.BOLD,18));
    // 在不同的高度上输出验证码的每个字符
    g.drawString("" + rands[0],1,17);
    g.drawString("" + rands[1],16,15);
    g.drawString("" + rands[2],31,18);
```

```java
                g.drawString("" + rands[3],46,16);
        }
        private void drawBackground(Graphics g)
        {
                // 画背景
                g.setColor(new Color(0xDCDCDC));
                g.fillRect(0, 0, WIDTH, HEIGHT);
                // 随机产生 120 个干扰点
                for(int i=0; i<120; i++)
                {
                        int x = (int)(Math.random( ) * WIDTH);
                        int y = (int)(Math.random( ) * HEIGHT);
                        int red = (int)(Math.random( ) * 255);
                        int green = (int)(Math.random( ) * 255);
                        int blue = (int)(Math.random( ) * 255);
                        g.setColor(new Color(red,green,blue));
                        g.drawOval(x,y,1,0);
                }
        }
}
```

清单 10-10　UserServlet.java 代码

```java
package servlet;
import java.io.IOException;
import java.text.SimpleDateFormat;
import java.util.Date;
import javax.servlet.ServletException;
import javax.servlet.http.*;
import util.Page;
import biz.impl.UserBizImpl;
import entity.User;
public class UserServlet extends HttpServlet {
        public void doGet(HttpServletRequest request, HttpServletResponse response)
        throws ServletException, IOException {
            doPost(request, response);
        }
        public void doPost(HttpServletRequest request, HttpServletResponse response)
        throws ServletException, IOException {
            request.setCharacterEncoding("utf-8");
            HttpSession session=request.getSession( );
            String action=request.getParameter("action");
            if(action.equals("login")){
```

```java
String username=request.getParameter("username");
String password=request.getParameter("password");
String Validation=request.getParameter("Validation");
// 取到图片中的验证码
String checkCode=(String)session.getAttribute("check_code");
User user=new UserBizImpl( ).login(username);
if(user==null){
    request.setAttribute("errmsg","0");
    request.getRequestDispatcher("/error.jsp").forward(request, response);
}
else{   if(username.equals(user.getName( ))&&password.equals(user.getPassword( ))){
            // 用户名和密码进行匹配
            if(Validation.equals(checkCode)){
                // 验证码的判断
                session.setAttribute("User", user);
                request.getRequestDispatcher("/manage/index.jsp").forward(request, response);
            }else{
                request.setAttribute("errmsg","2");
                request.getRequestDispatcher("/error.jsp").forward(request, response);
            }
        }
        else{
            request.setAttribute("errmsg","1");
            request.getRequestDispatcher("/error.jsp").forward(request, response);
        }
    }
}
if(action.equals("out")){
    session.removeAttribute("User");
    session.invalidate( );
    response.sendRedirect("../login.jsp");
}
if(action.equals("userlist")){// 显示用户
    String page=request.getParameter("page");
    int totalpages=new Page( ).getTotalPages(new Page( ).getCount("user", "where able!=0"), 6);
    int currentpage=new Page( ).getcurrentpage(page, 6, "user");
    request.setAttribute("totalpage",totalpages);
    request.setAttribute("currentpage",currentpage);
    request.setAttribute("userlist", new UserBizImpl( ).pagingUser(currentpage, 6,"where able!=0"));
    request.getRequestDispatcher("./user_list.jsp").forward(request, response);
}
// 增加用户
```

```java
if(action.equals("adduser")){
    User user=new User( );
    user.setAble(request.getParameter("able"));
    user.setAddress(request.getParameter("address"));
    user.setBranch(request.getParameter("branch"));
    user.setEmail(request.getParameter("email"));
    user.setFoundTime(new SimpleDateFormat("yyyy 年 MM 月 dd 日 ").format(new Date( )));
    user.setJob(request.getParameter("job"));
    user.setName(request.getParameter("name"));
    user.setPassword(request.getParameter("password"));
    user.setSex(request.getParameter("sex"));
    user.setTel(request.getParameter("tel"));
    user.setTruename(request.getParameter("truename"));
    int add=new UserBizImpl( ).addUser(user);
    if(add>0){  request.getRequestDispatcher("./UserServlet?action=userlist").forward(request, response);
    }else{
        request.setAttribute("errmsg","1");
        request.getRequestDispatcher("/error.jsp").forward(request, response);
    }
}
if(action.equals("delete")){// 删除用户
    int id=Integer.parseInt(request.getParameter("id"));
    int delete=new UserBizImpl( ).deleteUser(id);
    if(delete>0){
        request.getRequestDispatcher("./UserServlet?action=userlist").forward(request, response);
    }
    else{
        request.setAttribute("errmsg","2");
        request.getRequestDispatcher("/error.jsp").forward(request, response);
    }
}
if(action.equals("modify")){
    int id=Integer.parseInt(request.getParameter("id"));
    request.setAttribute("oneuser",new UserBizImpl( ).findOneUser(id));
    request.getRequestDispatcher("./user_modify.jsp").forward(request, response);
}
if(action.equals("updateuser")){// 修改用户的信息
    User user=new User( );
    user.setAddress(request.getParameter("address"));   // 获得表单数据
    user.setBranch(request.getParameter("branch"));
    user.setEmail(request.getParameter("email"));
```

```
                user.setFoundTime(request.getParameter("foundtime"));
                user.setId(Integer.parseInt(request.getParameter("id")));
                user.setAble(request.getParameter("able"));
                user.setJob(request.getParameter("job"));
                user.setName(request.getParameter("name"));
                user.setPassword(request.getParameter("password"));
                user.setSex(request.getParameter("sex"));
                user.setTel(request.getParameter("tel"));
                user.setTruename(request.getParameter("truename"));
                int update=new UserBizImpl( ).updateUser(user);
                if(update>0){
                        request.getRequestDispatcher("./UserServlet?action=userlist").forward(request, response);
                }
                else{
                        request.setAttribute("errmsg","3");
                        request.getRequestDispatcher("/error.jsp").forward(request, response);
                }
        }if(action.equals("add")){
                request.getRequestDispatcher("./user_add.jsp").forward(request, response);
        }
    }
}
```

(3)视图（V）实现

下面来看同用户管理模块相关的页面及相关实现代码。

1）管理员登录页面。详见清单 10-11。

清单 10-11　login.jsp 关键代码

```
<form name="form2" method="post"action="user/UserServlet?action=login" onSubmit="return check( );">
    <dl>
        <dt>
            用户名：
        </dt>
        <dd>
            <input type="text" name="username" />
        </dd>
        <dt>
            密    码：
        </dt>
        <dd>
```

```html
            <input type="password" class="alltxt" name="password" />
        </dd>
        <dt>
            验证码：
        </dt>
        <dd>
            <input id="vdcode" type="text" name="Validation">
        </dd>
        <dt>
            <img src=validateCode width="58" height="22" onClick="this.src=this.src+'?'" alt=" 看不清！换一个试试吧 ">
        </dt>
        <dd>
            <button type="submit" class="login-btn" value="">
                登   录
            </button>
              
            <button type="reset" class="login-btn" value="">
                重   置
            </button>
        </dd>
    </dl>
</form>
```

显示效果如图 10-6 所示。

图 10-6 管理员登录页面

2）后台管理首页。登录成功后转向后台管理页面（manage/index.jsp），代码详见清单 10-12，左侧菜单栏（leftbar.jsp）代码详见清单 10-13，显示效果如图 10-7 所示。

清单 10-12　manage/index.jsp 代码

```jsp
<%@ page language="java" contentType="text/html; charset=utf-8"
    pageEncoding="utf-8" %>
<%@ taglib prefix="c" uri="http://java.sun.com/jstl/core_rt"%>
<%@ taglib uri="http://java.sun.com/jstl/fmt_rt" prefix="fmt"%>
<html>
<head>
<meta http-equiv="Content-Type" content="text/html; charset=utf-8" />
<title> 后台管理 </title>
<link type="text/css" rel="stylesheet" href="../css/style.css" />
</head>
<body>
<jsp:include page="top.jsp" />
<div id="main" class="wrap">
    <jsp:include page="leftbar.jsp" />
    <div class="main">
        <h2> 管理首页 </h2>
        <div id="welcome" class="manage">
            <div class="shadow">
                <em class="corner lb"></em>
                <em class="corner rt"></em>
                <div class="box">
                    <div class="msg">
                        <p> 欢迎回来 </p>
                    </div>
                </div>
            </div>
        </div>
        <div class="clear"></div>
    </div>
<div id="footer">
    Copyright &copy; 2012 XXXXXX All Rights Reserved.
</div>
</body>
</html>
```

清单 10-13　leftbar.jsp 代码（左侧菜单栏）

```jsp
<%@ page language="java" contentType="text/html; charset=UTF-8"
pageEncoding="UTF-8"%>
<%@ taglib prefix="c" uri="http://java.sun.com/jstl/core_rt" %>
<link type="text/css" rel="stylesheet" href="../css/style.css" />
<div id="menu-mng" class="lefter">
    <div class="box">
        <dl>
        <c:set var="able" value="${User.able}"/>
        <c:if test="${able==0}">
            <dt> 用户管理模块 </dt>
            <dd><a href="../user/UserServlet?action=add"> 新增用户 </a></dd>
            <dd><a href="../user/UserServlet?action=userlist"> 用户管理 </a></dd>
            <dt> 公告管理模块 </dt>
            <dd><a href="../notice/NoticeServlet?action=add"> 添加公告 </a></dd>
            <dd><a href="../notice/NoticeServlet?action=noticelist"> 维护公告 </a></dd>
        </c:if>
            <dt> 新闻管理模块 </dt>
            <dd><a href="../news/NewsServlet?action=add"> 添加新闻 </a></dd>
            <dd><a href="../news/NewsServlet?action=newslist"> 维护新闻 </a></dd>
        <c:if test="${able==0}">
            <dd><a href="../news/NewsServlet?action=newspic"> 新闻焦点图片管理 </a></dd>
        </c:if>
            <dt> 文件管理模块 </dt>
            <dd><a href="../file/FileServlet?action=add"> 上传文件 </a></dd>
            <dd><a href="../file/FileServlet?action=filelist"> 维护文件 </a></dd>
            <dt> 特色活动管理模块 </dt>
            <dd><a href="../activity/ActivityServlet?action=add"> 添加活动 </a></dd>
            <dd><a href="../activity/ActivityServlet?action=activitylist"> 维护活动 </a></dd>
            <dt> 荣誉管理模块 </dt>
            <dd><a href="../honor/HonorServlet?action=add"> 添加荣誉 </a></dd>
            <dd><a href="../honor/HonorServlet?action=honorlist"> 维护荣誉 </a></dd>
        <c:if test="${able==0}">
            <dt> 勤工俭学管理模块 </dt>
            <dd><a href="../workstudy/WorkstudyServlet?action=addwork"> 添加勤工俭学 </a></dd>
            <dd><a href="../workstudy/WorkstudyServlet?action=workstudylist"> 维护勤工俭学 </a></dd>
        </c:if>
        </dl>
    </div>
</div>
```

图 10-7 后台管理页面

3）新增用户页面。详见清单 10-14。

清单 10-14　user/user_add.jsp 代码

```
<jsp:include page="/manage/top.jsp" />
<div id="main" class="wrap">
<jsp:include page="/manage/leftbar.jsp" />
    <div class="main">
    <h2> 添加用户 <br /></h2>
    <div class="manage">
<form action="./UserServlet?action=adduser" method="post" onsubmit="return check11( )" name="form2">
    <table class="form">
<tr>
<td class="field"> 用户名：</td>
<td><input name="name" type="text" id="td"/></td>
</tr>
<tr>
<td class="field"> 密码：</td>
<td><input name="password" type="password" id="td"/></td>
</tr>
<tr>
<td class="field"> 真实姓名：</td>
```

```html
<td><input name="truename" type="text" id="td"/></td>
</tr>
<tr>
<td class="field"> 权限： </td>
<td><select name="able" id="able">
<option value="1"> 管理员 </option>
</select></td>
</tr>
<tr>
<td class="field"> 系部： </td>
<td><select name="branch" id="branch">
<option value=" 软件与服务外包学院 " selected="selected"> 软件与服务外包学院 </option>
<option value=" 现代港口与物流管理系 "> 现代港口与物流管理系 </option>
<option value=" 机电工程系 "> 机电工程系 </option>
<option value=" 生物与化学工程系 "> 生物与化学工程系 </option>
<option value=" 应用外语系 "> 应用外语系 </option>
<option value=" 电气工程学院 "> 电气工程学院 </option>
<option value=" 艺术设计系 "> 艺术设计系 </option>
<option value=" 继续教育学院 "> 继续教育学院 </option>
<option value=" 院学生会 "> 院学生会 </option>
</select></td>
</tr>
<tr>
<td class="field"> 职务： </td>
<td><input name="job" type="text" id="td"/></td>
</tr>
<tr>
<td class="field"> 性别： </td>
<td><input name="gender" type="radio" id="radio" value=" 男 " checked="checked" /> 男
<input type="radio" name="gender" id="radio2" value=" 女 " /> 女 </td>
</tr>
<tr>
<td class="field">Email： </td>
<td><input name="email" type="text" id="td"/></td>
</tr>
<tr>
<td class="field"> 电话： </td>
<td><input name="tel" type="text" id="td"/></td>
</tr>
<tr>
<td class="field"> 地址： </td>
```

```html
<td><input name="address" type="text" id="td"/></td>
</tr>
<tr>
<td></td>
<td><label class="ui-blue"><input type="submit" name="submit" value=" 添加 " /></label></td>
</tr>
</table>
</form>
</div>
</div>
<div class="clear"></div>
</div>
```

新增用户页面显示效果如图 10-8 所示。

图 10-8 新增用户页面

4）分页显示用户列表页面。详见清单 10-15。

清单 10-15 user/user_list.jsp 关键代码

```html
<h2> 用户信息 <br /></h2>
<div class="manage">
<table class="list">
<tr>
<th> 用户名 </th>
```

```
<th> 密码 </th>
<th> 真实姓名 </th>
<th> 性别 </th>
<th> 系部 </th>
<th> 电子邮件 </th>
<th> 操作 </th>
</tr>
<c:forEach items="${userlist}" var="user">
<tr>
<td class="c">${user.name}</td>
<td class="c">${user.password}</td>
<td class="c">${user.truename   }</td>
<td class="c">${user.sex}</td>
<td class="c">${user.branch }</td>
<td class="c">${user.email }</td>
<td class="w1 c"><a href="./UserServlet?action=delete&id=${user.id }" onclick='return confirm(" 确定要删除吗？")'> 删除 </a>  <a href="./UserServlet?action=modify&id=${user.id }"> 修改 </a></td>
</tr>
</c:forEach>
</table>
<div class="pager">
<ul class="clearfix">
<c:forEach var="i" begin="1" end="${totalpage}" step="1">
    <li><a href="./UserServlet?action=userlist&page=${i}">${i}</a></li>
</c:forEach>
</ul>
</div>
```

分页显示用户列表页面显示效果如图 10-9 所示。

用户信息

用户名	密码	真实姓名	性别	系部	电子邮件	操作
lcl	123	李春兰	女	软件与服务外包学院	l▇▇@sina.com	删除 修改
lx	123	卢西	男	现代港口与物流管理系	▇▇@sina.com	删除 修改
zhh	123	周红红	女	电气工程学院	s▇▇@163.com	删除 修改

1

图 10-9　用户信息列表显示页面

5）修改用户页面。详见清单 10-16。

清单 10-16 user/user_modify.jsp 关键代码

```html
<h2> 修改用户 <br /></h2>
            <div class="manage">
<form action="./UserServlet?action=updateuser&id=${oneuser.id}" method="post" name="form1">
<table class="form">
    <tr>
        <td class="field"> 用户名 </td>
        <td><input type="text" name="name" value="${oneuser.name}"></input></td>
    </tr>
    <tr>
        <td class="field"> 密码 </td>
        <td><input type="text" name="password" value="${oneuser.password}"></input></td>
    </tr>
    <tr>
        <td class="field"> 真实姓名 </td>
        <td><input type="text" name="truename" value="${oneuser.truename}"></input></td>
    </tr>
    <tr>
        <td class="field"> 权限 </td>
        <td><input type="text" name="able" value="${oneuser.able}"></input></td>
    </tr>
    <tr>
        <td class="field"> 系部 </td>
        <td><input type="text" name="branch" value="${oneuser.branch}"></input></td>
    </tr>
    <tr>
        <td class="field"> 职务 </td>
        <td><input type="text" name="job" value="${oneuser.job}"></input></td>
    </tr>
    <tr>
        <td class="field"> 性别 </td>
        <td><input type="text" name="gender" value="${oneuser.sex}"></input></td>
    </tr>
    <tr>
        <td class="field"> 电子邮件 </td>
        <td><input type="text" name="email" value="${oneuser.email}"></input></td>
    </tr>
    <tr>
        <td class="field"> 电话号码 </td>
        <td><input type="text" name="tel" value="${oneuser.tel}"></input></td>
    </tr>
    <tr>
```

```html
            <td class="field"> 地址 </td>
            <td><input type="text" name="address" value="${oneuser.address}"></input></td>
        </tr>
        <tr>
            <td class="field"> 时间 </td>
            <td><input type="text" name="foundtime" value="${oneuser.foundtime}"></input></td>
        </tr>
        <tr>
            <td></td>
            <td><label class="ui-blue"><input type="submit" name="submit" value=" 修改 " /></label></td>
        </tr>
    </table>
</form>
```

修改用户页面显示效果如图 10-10 所示。

图 10-10　修改用户页面

3. 新闻管理模块实现

新闻管理模块具有添加新闻、维护新闻信息（删除新闻、更新新闻、下载新闻图片）、新闻焦点图片管理（管理前台首页显示的图片）功能。

（1）模型（M）实现

1）创建新闻 VO 类。新闻 VO 类包括新闻 ID、新闻标题、新闻类别、新闻内容、发布时间、更新时间、发布部门、图片名字、焦点图片标志。代码省略。

2）DAO 接口及实现类。详见清单 10-17 和清单 10-18。

清单 10-17　NewDao.java 代码

```java
package dao;
import java.util.List;
import entity.News;
public interface NewsDao {
    // 前台首页显示前 pagesize 条新闻
    public List <News> Showlastnews( int pagesize);
    public List <News> searchallnews(int page,int pagesize,String condition);     // 新闻分页
    public News finaNewsList(int id);                         // 通过 id 显示一条新闻的信息
    public int deleteNew(int id);                             // 删除新闻信息
    public int updateNews(News news);                         // 更新一条新闻内容
    public int addNews(News news);                            // 增加一条新闻
    public List <News> showPic(int page,int pagesize);        // 对图片进行分页
    public int updatePic(News news);                          // 对有图片的设置焦点
    public List<News> findNewPic(int pagesize);               // 显示焦点图片
    public List <News> pageing(int page,int pagesize);        // 前台页面新闻显示分页
}
```

清单 10-18　NewsDaoImpl.java 代码

```java
package dao.impl;
import java.sql.*;
import java.util.*;
import dao.*;
import entity.News;
public class NewsDaoImpl implements NewsDao {
    Connection conn = null;
    PreparedStatement pstmt = null;
    ResultSet rs = null;
    public int addNews(News news) { // 增加新闻信息
        int addnews = 0;
        String sql = "insert into news(title,lb,contents,inputtime,updatetime,department,picname,picshow) values(?,?,?,?,?,?,?,?)";
        String param[] = { news.getTitle( ), news.getLb( ), news.getContents( ),
                news.getInputtime( ), news.getUpdatetime( ),
                news.getDepartment( ), news.getPicname( ),
                Integer.toString(news.getPicshow( )) };
        addnews = BaseDao.executeSQL(sql, param);
        return addnews;
    }
    public int deleteNew(int id) { // 删除一条新闻
        int deletenews = 0;
        String sql = "delete from news where id=?";
```

```java
            String[] param = { Integer.toString(id) };
            deletenews = BaseDao.executeSQL(sql, param);
            return deletenews;
    }
    public News finaNewsList(int id) { // 通过 id 查询一条新闻
        News news = new News( );
        String sql = "select * from news where id=?";
        try {
            conn = BaseDao.getConn( );
            pstmt = conn.prepareStatement(sql);
            pstmt.setInt(1, id);
            rs = pstmt.executeQuery( );
            if (rs.next( )) {
                news.setId(rs.getInt("id"));
                news.setContents(rs.getString("contents"));
                news.setDepartment(rs.getString("department"));
                news.setInputtime(rs.getString("inputtime"));
                news.setLb(rs.getString("lb"));
                news.setTitle(rs.getString("title"));
                news.setUpdatetime(rs.getString("updatetime"));
                news.setPicname(rs.getString("picname"));
                news.setPicshow(rs.getInt("picshow"));
            }
        } catch (ClassNotFoundException e) {
            e.printStackTrace( );
        } catch (SQLException e) {
            e.printStackTrace( );
        } finally {
            BaseDao.closeAll(conn, pstmt, rs);
        }
        return news;
    }
    public int updateNews(News news) { // 更新新闻
        int updatenews = 0;
        String sql = "update news set title=?,lb=?,contents=?,updatetime=?,department=? where id=?";
        String[] param = { news.getTitle( ), news.getLb( ), news.getContents( ),
                news.getUpdatetime( ), news.getDepartment( ),
                Integer.toString(news.getId( )) };
        updatenews = BaseDao.executeSQL(sql, param);
        return updatenews;
    }
    // 显示前 pagesize 条新闻
```

```java
public List<News> Showlastnews(int pagesize) {
    List<News> list = new ArrayList<News>();
    String sql = "select * from news order by inputtime desc limit "
            + (pagesize - 1);                  // 分页查询语句
    try {
        conn = BaseDao.getConn();
        pstmt = conn.prepareStatement(sql);
        rs = pstmt.executeQuery();
        while (rs.next()) {
            News news = new News();
            news.setId(rs.getInt("id"));
            news.setContents(rs.getString("contents"));
            news.setDepartment(rs.getString("department"));
            news.setInputtime(rs.getString("inputtime"));
            news.setLb(rs.getString("lb"));
            news.setTitle(rs.getString("title"));
            news.setUpdatetime(rs.getString("updatetime"));
            news.setPicname(rs.getString("picname"));
            news.setPicshow(rs.getInt("picshow"));
            list.add(news);
        }
    } catch (ClassNotFoundException e) {
        e.printStackTrace();
    } catch (SQLException e) {
        e.printStackTrace();
    } finally {
        BaseDao.closeAll(conn, pstmt, rs);
    }
    return list;
}
public List<News> searchallnews(int page,int pagesize,String condition) { // 分页显示
    List<News> list = new ArrayList<News>();
    int rowBegin = 0;          // 开始行数,表示每页第一条记录在数据库中的行数
    if (page > 1) {
        // 按页数取得开始行数,设每页可以显示 pagesize 条
        rowBegin = pagesize * (page - 1);
    }
    try {
        conn = BaseDao.getConn();           // 连接数据库
        String sql="select * from news "+condition+" order by inputtime desc limit "+rowBegin+","
                +pagesize;
        pstmt = conn.prepareStatement(sql);          // 预处理
        rs = pstmt.executeQuery();
```

```java
            while (rs.next( )) {
                News news = new News( );
                news.setId(rs.getInt("id"));
                news.setContents(rs.getString("contents"));
                news.setDepartment(rs.getString("department"));
                news.setInputtime(rs.getString("inputtime"));
                news.setLb(rs.getString("lb"));
                news.setTitle(rs.getString("title"));
                news.setUpdatetime(rs.getString("updatetime"));
                news.setPicname(rs.getString("picname"));
                news.setPicshow(rs.getInt("picshow"));
                list.add(news);
            }
        } catch (ClassNotFoundException e) {
            e.printStackTrace( );
        } catch (SQLException e) {
            e.printStackTrace( );
        } finally {
            BaseDao.closeAll(conn, pstmt, rs);        // 关闭数据库
        }
        return list;
    }
    // 对有图片的新闻进行分页
    public List<News> showPic(int page, int pagesize) {
        List<News> list = new ArrayList<News>( );
        int begin = 0;
        if (page > 1) {
            begin = pagesize * (page – 1);
        }
        try {
            conn = BaseDao.getConn( );            // 连接数据库
            String sql = "select * from news where picname!='no' order by inputtime desc limit "
                    + begin + "," + pagesize;
            pstmt = conn.prepareStatement(sql);
            rs = pstmt.executeQuery( );
            while (rs.next( )) {
                News news = new News( );
                news.setId(rs.getInt("id"));
                news.setContents(rs.getString("contents"));
                news.setInputtime(rs.getString("inputtime"));
                news.setLb(rs.getString("lb"));
                news.setTitle(rs.getString("title"));
                news.setUpdatetime(rs.getString("updatetime"));
                news.setPicname(rs.getString("picname"));
```

```java
                    news.setPicshow(rs.getInt("picshow"));
                    list.add(news);
                }
            } catch (ClassNotFoundException e) {
                e.printStackTrace();
            } catch (SQLException e) {
                e.printStackTrace();
            } finally {
                BaseDao.closeAll(conn, pstmt, rs);        // 关闭数据库
            }
            return list;
        }
        public int updatePic(News news) { // 设置图片的焦点
            int update = 0;
            String sql = "update news set picshow=? where id=?";
            String[] param = { Integer.toString(news.getPicshow()),
                    Integer.toString(news.getId()) };
            update = BaseDao.executeSQL(sql, param);
            return update;
        }
        public List<News> findNewPic(int pagesize) { // 显示焦点图片
            List<News> list = new ArrayList<News>();
            String sql = "select * from news where picname!='no' and picshow =1 order by inputtime desc
            limit "+ (pagesize – 1);
            try {
                conn = BaseDao.getConn();        // 连接数据库
                pstmt = conn.prepareStatement(sql);
                rs = pstmt.executeQuery();
                while (rs.next()) {
                    News news = new News();
                    news.setId(rs.getInt("id"));
                    news.setContents(rs.getString("contents"));
                    news.setInputtime(rs.getString("inputtime"));
                    news.setLb(rs.getString("lb"));
                    news.setTitle(rs.getString("title"));
                    news.setUpdatetime(rs.getString("updatetime"));
                    news.setPicname(rs.getString("picname"));
                    news.setPicshow(rs.getInt("picshow"));
                    list.add(news);
                }
            } catch (ClassNotFoundException e) {
                e.printStackTrace();
            } catch (SQLException e) {
                e.printStackTrace();
```

```java
        } finally {
            BaseDao.closeAll(conn, pstmt, rs);        // 关闭数据库
        }
        return list;
    }
    // 前台页面显示新闻列表
    public List<News> pageing(int page, int pagesize) {
        List<News> list = new ArrayList<News>( );
        int rowBegin = 0;
        if (page > 1) {
            rowBegin = pagesize * (page – 1);
        }
        String sql = "select * from news order by inputtime desc limit "+ rowBegin + "," + pagesize;
        try {
            conn = BaseDao.getConn( );                    // 连接数据库
            pstmt = conn.prepareStatement(sql);           // 预处理
            rs = pstmt.executeQuery( );
            while (rs.next( )) {
                News news = new News( );
                news.setId(rs.getInt("id"));
                news.setContents(rs.getString("contents"));
                news.setInputtime(rs.getString("inputtime"));
                news.setLb(rs.getString("lb"));
                news.setTitle(rs.getString("title"));
                news.setUpdatetime(rs.getString("updatetime"));
                news.setPicname(rs.getString("picname"));
                news.setPicshow(rs.getInt("picshow"));
                list.add(news);
            }
        } catch (ClassNotFoundException e) {
            e.printStackTrace( );
        } catch (SQLException e) {
            e.printStackTrace( );
        } finally {
            BaseDao.closeAll(conn, pstmt, rs);
        }
        return list;
    }
}
```

3）业务逻辑接口及实现类。详见清单10-19和清单10-20。

清单 10-19　NewsBiz.java 代码

```java
package biz;
import java.util.List;
import entity.News;
public interface NewsBiz {
    public News finaNewsList(int id);                                    // 通过 id 显示一条新闻
    public int deleteNew(int id);                                        // 删除新闻
    public int updateNews(News news);                                    // 更新一条新闻内容
    public int addNews(News news);                                       // 增加一条新闻
    public List <News> Showlastnews( int pagesize);                      // 首页显示前 pagesize 条新闻
    public List <News> searchallnews(int page,int pagesize,String condition);   // 分页
    public List <News> showPic(int page,int pagesize);                   // 对图片进行分页
    public int updatePic(News news);                                     // 对有图片的设置焦点
    public List<News> findNewPic(int pagesize);                          // 显示焦点图片
    public List <News> pageing(int page,int pagesize);                   // 前台页面新闻显示分页
}
```

清单 10-20　NewsBizImpl.java 代码

```java
package biz.impl;
import java.util.List;
import dao.impl.NewsDaoImpl;
import entity.News;
import biz.NewsBiz;
public class NewsBizImpl implements NewsBiz {
    public int addNews(News news) {
        return new NewsDaoImpl( ).addNews(news);
    }
    public int deleteNew(int id) {
        return new NewsDaoImpl( ).deleteNew(id);
    }
    public News finaNewsList(int id) {
        return new NewsDaoImpl( ).finaNewsList(id);
    }
    public int updateNews(News news) {
        return new NewsDaoImpl( ).updateNews(news);
    }
    public List<News> Showlastnews(int pagesize) {
        return new NewsDaoImpl( ).Showlastnews(pagesize);
    }
    public List<News> showPic(int page, int pagesize) {
        return new NewsDaoImpl( ).showPic(page, pagesize);
    }
    public int updatePic(News news) {
        return new NewsDaoImpl( ).updatePic(news);
    }
```

```java
    }
    public List<News> findNewPic(int pagesize) {
        return new NewsDaoImpl( ).findNewPic(pagesize);
    }
    public List<News> searchallnews(int page,int pagesize,String condition) {
        return new NewsDaoImpl( ).searchallnews(page, pagesize,condition);
    }
    public List<News> pageing(int page, int pagesize) {
        return new NewsDaoImpl( ).pageing(page, pagesize);
    }
}
```

（2）控制器（C）实现

与新闻管理模块相关的 Servlet 有 NewsServlet。在 web.xml 中进行清单 10-21 所示的配置。代码详见清单 10-22。

清单 10-21 web.xml 相关代码

```xml
<servlet>
<servlet-name>NewsServlet</servlet-name>
<servlet-class>servlet.NewsServlet</servlet-class>
</servlet>
<servlet-mapping>
<servlet-name>NewsServlet</servlet-name>
<url-pattern>/news/NewsServlet</url-pattern>
</servlet-mapping>
```

清单 10-22 NewsServlet.java 代码

```java
package servlet;
import java.io.IOException;
import java.text.SimpleDateFormat;
import java.util.Date;
import javax.servlet.ServletException;
import javax.servlet.http.*;
import util.Page;
import com.jspsmart.upload.SmartUpload;
import biz.impl.NewsBizImpl;
import entity.*;
public class NewsServlet extends HttpServlet {
    public void doGet(HttpServletRequest request, HttpServletResponse response)
    throws ServletException, IOException {
        doPost(request, response);
    }
    public void doPost(HttpServletRequest request, HttpServletResponse response)
    throws ServletException, IOException {
```

```java
response.setContentType("text/html");
request.setCharacterEncoding("utf-8");
String action = request.getParameter("action");
HttpSession session = request.getSession( );          // 创建 HttpSession 对象
User users = (User) session.getAttribute("User");     // 获得登录时用户的信息
String department = users.getBranch( );               // 获得系部
String able = users.getAble( );                       // 获得权限
if (action.equals("add")) {
    request.getRequestDispatcher("../news/news_add.jsp").forward(request, response);
}
if (action.equals("addnews")) { // 增加新闻信息
    News news = new News( );
    SmartUpload newsimages = new SmartUpload( );
    newsimages.initialize(this.getServletConfig( ), request, response);
    try {
        newsimages.setCharset("utf-8");
        newsimages.setAllowedFilesList("jpg,jpeg,gif,png");
        newsimages .setDeniedFilesList("doc,pdf,txt,exe,bat,jsp,htm,html,xls,rar,ppt");
        newsimages.upload( );          // 上传图片到服务器
    } catch (Exception e) {
        e.printStackTrace( );
    }
    com.jspsmart.upload.File file = newsimages.getFiles( ).getFile(0);
    String filepath = "newsupload\\";
    filepath += file.getFileName( );
    try {
        file.saveAs(filepath, SmartUpload.SAVE_VIRTUAL);
        file.saveAs("D:\\" + filepath, SmartUpload.SAVE_PHYSICAL);
    } catch (Exception e) {
        e.printStackTrace( );
    }
    news.setContents(newsimages.getRequest( ).getParameter("contents")); // 获得新闻内容
    news.setLb(newsimages.getRequest( ).getParameter("lb"));
    news.setDepartment(newsimages.getRequest( ).getParameter("department")); // 获得发布部门
    news.setTitle(newsimages.getRequest( ).getParameter("title"));
    news.setInputtime(new SimpleDateFormat("yyyy 年 MM 月 dd 日 ").format(new Date( )));
    news.setUpdatetime(new SimpleDateFormat("yyyy 年 MM 月 dd 日 ").format(new Date( )));
    if (!file.isMissing( )) {
        news.setPicname(file.getFileName( ));       // 图片的名字
        news.setPicshow(0);
    } else {
```

```java
            news.setPicname("no");
        }
        int addnews = new NewsBizImpl( ).addNews(news);
        if (addnews > 0) {
            request.getRequestDispatcher("NewsServlet?action=newslist").forward(request, response);
        } else {
            request.setAttribute("errmsg", "1");
            request.getRequestDispatcher("/error.jsp").forward(request, response);
        }
    }
    if (action.equals("newslist")) { // 显示新闻
        String page = request.getParameter("page");
        int totalpages ;
        if(able.equals("0")){
            // 每页显示 5 条记录的总页数
            totalpages= new Page( ).getTotalPages(new Page( ).getCount("news", ""), 5);
        }else{
            totalpages= new Page( ).getTotalPages(new Page( ).getCount("news",
            "where department='"+department+"'"), 5);
        }
        int currentpage = new Page( ).getcurrentpage(page, 5, "news");
        request.setAttribute("totalpage", totalpages);
        request.setAttribute("curpage", currentpage);
        if(able.equals("0")){
            request.setAttribute("newslist", new NewsBizImpl( ).searchallnews(currentpage, 5," "));
        }else{
            request.setAttribute("newslist",new NewsBizImpl( ).searchallnews(currentpage, 5,"
            where department='"+department+"'"));
        }
        request.getRequestDispatcher("../news/news_list.jsp").forward(request, response);
    }
    if (action.equals("deletenew")) { // 删除新闻
        int id = Integer.parseInt(request.getParameter("id"));
        int result = new NewsBizImpl( ).deleteNew(id);
        if (result > 0) {
            request.getRequestDispatcher("NewsServlet?action=newslist").forward(request, response);
        } else {
            request.setAttribute("errmsg", "2");
            request.getRequestDispatcher("/error.jsp").forward(request,response);
        }
```

```java
}
if (action.equals("modify")) { // 通过 id 显示新闻
    int id = Integer.parseInt(request.getParameter("id"));
    request.setAttribute("onenews", new NewsBizImpl( ).finaNewsList(id));
    request.getRequestDispatcher("../news/news_modify.jsp").forward(request, response);
}
if (action.equals("modifynews")) { // 修改新闻
    News news = new News( );
    news.setContents(request.getParameter("contents"));
    news.setDepartment(request.getParameter("department"));
    news.setId(Integer.parseInt(request.getParameter("id")));
    news.setLb(request.getParameter("lb"));
    news.setTitle(request.getParameter("title"));
    news.setUpdatetime(new SimpleDateFormat("yyyy 年 MM 月 dd 日 ").format(new Date( )));
    int modifynews = new NewsBizImpl( ).updateNews(news);
    if (modifynews > 0) {
        request.getRequestDispatcher("NewsServlet?action=newslist").forward(request, response);
    } else {
        request.setAttribute("errmsg", "3");
        request.getRequestDispatcher("/error.jsp").forward(request,response);
    }
}
if (action.equals("newspic")) { // 新闻图片的分页
    String page = request.getParameter("page");
    int totalpage = new Page( ).getTotalPages(new Page( ).getCount("news", ""), 5);
    int currentpage = new Page( ).getcurrentpage(page, 5, "news");
    request.setAttribute("newspiclist", new NewsBizImpl( ).showPic(currentpage, 5));
    request.setAttribute("totalpage", totalpage);
    request.setAttribute("cuurentpage", currentpage);
    request.getRequestDispatcher("../news/news_piclist.jsp").forward(request, response);
}
if (action.equals("focus")) { // 给新闻图片设置焦点
    int sid = Integer.parseInt(request.getParameter("id"));
    News news = new NewsBizImpl( ).finaNewsList(sid);
    news.setId(sid);
    news.setPicshow(1);
    int update = new NewsBizImpl( ).updatePic(news);
    if (update > 0) {
        request.getRequestDispatcher("NewsServlet?action=newspic").forward(request, response);
    }
}
if (action.equals("upload")) { // 下载新闻图片
    int id = Integer.parseInt(request.getParameter("id"));
    News news = new NewsBizImpl( ).finaNewsList(id);
```

```
SmartUpload newsimage = new SmartUpload( );
newsimage.initialize(this.getServletConfig( ), request, response);
// 设定 ContentDisposition 为 null 以禁止浏览器自动打开文件
newsimage.setContentDisposition(null);
String images = "/newsupload/" + news.getPicname( ); // 文件名（带路径）
try {
    newsimage.setCharset("gb2312");
    newsimage.downloadFile(images);  // 下载文件
} catch (Exception e) {
    e.printStackTrace( );
}
response.getOutputStream( ).close( );
    }
  }
}
```

（3）视图（V）实现

下面来看同新闻管理模块相关的页面及相关代码实现。

1）添加新闻。详见清单 10-23。

清单 10-23　news_add.jsp 关键代码

```
<form id="form1" name="form3" method="post"
action="../news/NewsServlet?action=addnews"
enctype="multipart/form-data" onsubmit="return check11( )">
    <table class="form">
        <tr>
            <td class="field"> 新闻标题： </td>
            <td><input type="text" name="title" value="" /></td>
        </tr>
…
        <tr>
<td class="field"> 上传图片： </td>
            <td><input type="file" name="pic" value="" /></td>
        </tr>
…
        <tr>
            <td></td>
            <td><label class="ui-blue"><input type="submit" name="submit" value=" 添加 "
/></label></td>
        </tr>
    </table>
</form>
```

添加新闻页面显示效果如图 10-11 所示。

图 10-11 添加新闻页面

2）分页显示新闻。详见清单 10-24。

清单 10-24 news_list.jsp 关键代码

```
<h2> 维护新闻 <br/></h2>
    <div class="manage">
        <table class="list">
            <tr>
                <th> 新闻标题 </th>
                <th> 新闻时间 </th>
                <th> 录入部门 </th>
                <th> 操作 </th>
            </tr>
            <c:forEach items="${newslist}" var="news">
            <tr>
                <td class="c">${news.title }</td>
                <td class="c">${news.inputtime }</td>
                <td class="c">${news.department }</td>
                <td class="w1 c"><a href="../news/NewsServlet?action=modify&id=${news.id }">
                修改 <br/></a><a href="../news/NewsServlet?action=deletenew&id=${news.id }"
                onclick='return confirm(" 确定要删除么 ?")'"> 删除 <br/></a><c:set var="show"
                value="${fn:contains(news.picname,'no')}"/><c:if test="${show==true}"> 没有图片
```

```
            </c:if><c:if test="${show!=true}"><a href="../news/NewsServlet?action= upload&id
            =${news.id }"> 下载图片 </a></c:if></td>
        </tr>
        </c:forEach>
    </table>
    <div class="pager">
            <ul class="clearfix">
            <c:forEach var="i" begin="1" end="${totalpage}" step="1">
                <li><a href="../news/NewsServlet?action=newslist&page=${i}">${i}</a></li>
            </c:forEach>
            </ul>
    </div>
</div>
```

新闻分页显示页面显示效果如图 10-12 所示。

维护新闻				
新闻标题		新闻时间	录入部门	操作
我校喜获2023省职业技能大赛电子商务技能赛项一等奖		2023年04月27日	软件与服务外包学院	修改 删除 下载图片
港口与物流管理系举办大学生职业规划训练营开营仪式暨训练营第一课		2023年04月27日	现代港口与物流管理系	修改 删除 下载图片
实习就业正当时，学生企业面对面		2023年04月27日	艺术设计系	修改 删除 下载图片
毕业逢上端午，收获不忘感恩		2023年04月27日	机电工程系	修改 删除 下载图片
关于2023年下半年高等学校英语应用能力考试报名工作的通知		2023年04月27日	软件与服务外包学院	修改 删除 没有图片

1 2

图 10-12　新闻分页显示页面

3）修改新闻。

修改新闻页面的实现代码略，页面显示效果如图 10-13 所示。

4）新闻焦点图片管理。详见清单 10-25。

清单 10-25　news_piclist.jsp 代码

```jsp
<h2> 新闻图片管理 <br/></h2>
    <div class="manage">
        <table class="list">
            <tr>
                <th> 新闻标题 </th>
                <th> 图片 </th>
                <th> 操作 </th>
            </tr>
            <c:forEach items="${newspiclist}" var="news">
            <tr>
                <td class="c">${news.title }</td>
                <td class="c"><img src="../newsupload/${news.picname}" width="50" height="50"></img></td>
                <td class="c"><c:set var="picshow" value="${fn:contains(news.picshow,'0')}"/>
                <c:if test="${picshow==true}"><a href="../news/NewsServlet?action=focus&id=${news.id}"> 是否设为焦点 </a></c:if><c:if test="${picshow!=true}"> 已设焦点图片 </c:if><br/></td>
            </tr>
            </c:forEach>
        </table>
        <div class="pager">
            <ul class="clearfix">
            <c:forEach var="i" begin="1" end="${totalpage}" step="1">
                <li><a href="../news/NewsServlet?action=newspic&page=${i}">${i}</a></li>
            </c:forEach>
            </ul>
        </div>
    </div>
```

页面显示效果如图 10-14 所示。

图 10-13　修改新闻页面

新闻图片管理		
新闻标题	图片	操作
我校喜获2023省职业技能大赛电子商务技能赛项一等奖		已设焦点图片
港口与物流管理系举办大学生职业规划训练营开营仪式暨训练营第一课		已设焦点图片
实习就业正当时，学生企业面对面		是否设为焦点
毕业遇上端午，收获不忘感恩		是否设为焦点
劳动最光荣，奋斗正当时——人工智能学院开展劳动教育实践活动		已设焦点图片

1 2

图 10-14 设置焦点图片页面

4. 文件管理模块实现

文件管理模块具有上传文件和维护文件（删除文件、下载文件）的功能，页面显示效果如图 10-15 和图 10-16 所示。

图 10-15 上传文件页面

图 10-16　维护文件页面

（1）模型（M）实现

1）创建文件 VO 类。文件 VO 类包括文件 ID、文件名称、文件类型、添加时间和发布部门。具体实现代码省略。

2）DAO 接口及实现类。详见清单 10-26 和清单 10-27。

清单 10-26　FileDao.java 代码

```java
package dao;
import java.util.List;
import entity.File;
public interface FileDao {
    public List<File> findFileList( );            // 查询所有文件
    public int addFile(File file);                // 增加一条文件记录
    public File findOneFile(int fileid);          // 查询某文件
    public int deleteFile(int fileid);            // 删除文件
    public List<File> pagingFile(int page,int pagesize,String condition);   // 分页查询
    public List<File> pagingFiles(int page,int pagesize);     // 前台分页查询
}
```

清单 10-27　FileDaoImpl.java 代码

```java
package dao.impl;
import java.sql.*;
import java.util.*;
import dao.*;
import entity.File;
public class FileDaoImpl implements FileDao {
    Connection conn=null;
    PreparedStatement pstmt=null;
```

```java
ResultSet rs=null;
public int addFile(File file) {// 增加文件
    int add=0;
    String sql="insert into file(filename,fileext,inputtime,department)values(?,?,?,?)";
    String param []={file.getFilename( ),file.getFileext( ),file.getInputtime( ),file.getDepartment( )};
    add=BaseDao.executeSQL(sql,param);
    return add;
}
public int deleteFile(int fileid) {// 删除文件
    int delete=0;
    String sql="delete from file where fileid=?";
    String param []={Integer.toString(fileid)};
    delete=BaseDao.executeSQL(sql, param);
    return delete;
}
public List<File> findFileList( ) {// 查看文件的信息
    List<File> list=new ArrayList<File>( );
    String sql="select * from file order by inputtime desc";
    try {
        conn=BaseDao.getConn( );
        pstmt=conn.prepareStatement(sql);
        rs=pstmt.executeQuery( );
        while(rs.next( )){
            File  file=new File( );
            file.setDepartment(rs.getString("department"));
            file.setFileext(rs.getString("fileext"));
            file.setFileid(rs.getInt("fileid"));
            file.setFilename(rs.getString("filename"));
            file.setInputtime(rs.getString("inputtime"));
            list.add(file);
        }
    } catch (ClassNotFoundException e) {
        e.printStackTrace( );
    } catch (SQLException e) {
        e.printStackTrace( );
    }finally{
        BaseDao.closeAll(conn, pstmt, rs);
    }
    return list;
}
public File findOneFile(int fileid) {// 通过 ID 查询文件的信息
    File file=new File( );
    String sql="select * from file where fileid=?";
    try {
        conn=BaseDao.getConn( );
        pstmt=conn.prepareStatement(sql);
```

```java
            pstmt.setInt(1,fileid);
            rs=pstmt.executeQuery( );
            if(rs.next( )){
                    file.setDepartment(rs.getString("department"));
                    file.setFileext(rs.getString("fileext"));
                    file.setFileid(rs.getInt("fileid"));
                    file.setFilename(rs.getString("filename"));
                    file.setInputtime(rs.getString("inputtime"));
            }
    } catch (ClassNotFoundException e) {
            e.printStackTrace( );
    } catch (SQLException e) {
            e.printStackTrace( );
    }finally{
            BaseDao.closeAll(conn, pstmt, rs);
    }
    return file;
}
public List<File> pagingFile(int page,int pagesize,String condition) {// 分页查询
    List<File> list=new ArrayList<File>( );
    int rowBegin=0;
    if(page>1){
            rowBegin=pagesize * (page−1);}
    try {
            conn=BaseDao.getConn( ); // 连接数据库
            String sql="select * from file "+condition+" order by inputtime desc limit "+rowBegin+",
            "+pagesize;
            pstmt=conn.prepareStatement(sql);
            rs=pstmt.executeQuery( );
            while(rs.next( )){
                    File file=new File( );
                    file.setDepartment(rs.getString("department"));
                    file.setFileext(rs.getString("fileext"));
                    file.setFileid(rs.getInt("fileid"));
                    file.setFilename(rs.getString("filename"));
                    file.setInputtime(rs.getString("inputtime"));
                    list.add(file);
            }
    } catch (ClassNotFoundException e) {
            e.printStackTrace( );
    } catch (SQLException e) {
            e.printStackTrace( );
    }finally{
            BaseDao.closeAll(conn, pstmt, rs);
    }
```

```java
            return list;
        }
    public List<File> pagingFiles(int page, int pagesize) {List<File> list=new ArrayList<File>( );
            int rowBegin=0;
            if(page>1){
                rowBegin=pagesize * (page-1);     // 按页数取得开始行数，设每页可以显示 pagesize 条
            }
            String sql="select* from file order by inputtime desc limit "+rowBegin+","+pagesize;
            try {
                conn=BaseDao.getConn( );
                pstmt=conn.prepareStatement(sql);
                rs=pstmt.executeQuery( );
                while(rs.next( )){
                    File file=new File( );
                    file.setDepartment(rs.getString("department"));
                    file.setFileext(rs.getString("fileext"));
                    file.setFileid(rs.getInt("fileid"));
                    file.setFilename(rs.getString("filename"));
                    file.setInputtime(rs.getString("inputtime"));
                    list.add(file);
                }
            } catch (ClassNotFoundException e) {
                e.printStackTrace( );
            } catch (SQLException e) {
                e.printStackTrace( );
            }finally{
                BaseDao.closeAll(conn, pstmt, rs);
            }
            return list;
        }
}
```

3）业务逻辑接口及实现类。详见清单 10-28 和清单 10-29。

清单 10-28   FileBiz.java 代码

```java
package biz;
import java.util.List;
import entity.File;
public interface FileBiz {
    public List<File> findFileList( );                        // 查询所有文件
    public int addFile(File file);                            // 增加一条文件记录
    public File findOneFile(int fileid);                      // 查询某文件
    public int deleteFile(int fileid);                        // 删除文件
    public List<File> pagingFile(int page,int pagesize,String condition);      // 分页查询
    public List<File> pagingFiles(int page,int pagesize);     // 前台分页查询
}
```

清单 10-29　FileBizImpl.java 代码

```java
package biz.impl;
import java.util.List;
import dao.impl.FileDaoImpl;
import entity.File;
import biz.FileBiz;
public class FileBizImpl implements FileBiz {
    public int addFile(File file) {
        return new FileDaoImpl( ).addFile(file);
    }
    public int deleteFile(int fileid) {
        return new FileDaoImpl( ).deleteFile(fileid);
    }
    public List<File> findFileList( ) {
        return new FileDaoImpl( ).findFileList( );
    }
    public File findOneFile(int fileid) {
        return new FileDaoImpl( ).findOneFile(fileid);
    }
    public List<File> pagingFile(int page,int pagesize,String condition) {
        return new FileDaoImpl( ).pagingFile(page, pagesize,condition);
    }
    public List<File> pagingFiles(int page, int pagesize) {
        return new FileDaoImpl( ).pagingFiles(page, pagesize);
    }
}
```

（2）控制器（C）实现

与文件管理模块相关的 Servlet 有 FileServlet。在 web.xml 中进行清单 10-30 所示的配置。代码详见清单 10-31。

清单 10-30　web.xml 关键代码

```xml
<servlet>
<servlet-name>FileServlet</servlet-name>
<servlet-class>servlet.FileServlet</servlet-class>
</servlet>
<servlet-mapping>
<servlet-name>FileServlet</servlet-name>
<url-pattern>/file/FileServlet</url-pattern>
</servlet-mapping>
```

清单 10-31　FileServlet.java 代码

```java
package servlet;
import java.io.IOException;
import java.io.PrintWriter;
import java.text.SimpleDateFormat;
import java.util.Date;
import javax.servlet.ServletException;
```

```java
import javax.servlet.http.*;
import util.Page;
import biz.impl.FileBizImpl;
import biz.impl.NewsBizImpl;
import com.jspsmart.upload.SmartUpload;
import entity.*;
public class FileServlet extends HttpServlet {
    public void doGet(HttpServletRequest request, HttpServletResponse response)
    throws ServletException, IOException {
        doPost(request, response);
    }
    public void doPost(HttpServletRequest request, HttpServletResponse response)
    throws ServletException, IOException {
        request.setCharacterEncoding("utf-8");
        String action=request.getParameter("action");
        HttpSession session=request.getSession( );
        User users=(User)session.getAttribute("User");
        String department=users.getBranch( );
        String able=users.getAble( );
        if(action.equals("upload")){
            File file=new File( );
            SmartUpload mySmartUpload = new SmartUpload( );
            mySmartUpload.initialize(this.getServletConfig( ), request, response);
            try{
                mySmartUpload.setCharset("utf-8");
                mySmartUpload.upload( );        // 上传文件到服务器
            }catch (Exception e) {
                e.printStackTrace( );
            }
            com.jspsmart.upload.File file2 = mySmartUpload.getFiles( ).getFile(0);
            String filepath = "fileupload\\";
            filepath += file2.getFileName( );
            try {
                file2.saveAs(filepath, SmartUpload.SAVE_VIRTUAL);
                file2.saveAs("D:\\"+filepath, SmartUpload.SAVE_PHYSICAL);
            } catch (Exception e) {
                e.printStackTrace( );
            }
            file.setFilename(file2.getFileName( ));
            file.setFileext(file2.getFileExt( ));
            file.setInputtime(new SimpleDateFormat("yyyy 年 MM 月 dd 日 ").format(new Date( )));
            file.setDepartment(mySmartUpload.getRequest( ).getParameter("department"));
            int addfile=new FileBizImpl( ).addFile(file);
            if(addfile>0){
                request.getRequestDispatcher("FileServlet?action=filelist").forward(request, response);
            }
        }
        else if(action.equals("filelist")){
            String page=request.getParameter("page");
```

```java
            int totalpages;
            if(able.equals("0")){
                totalpages=new Page( ).getTotalPages(new Page( ).getCount("file", ""), 5);
            }else{
                totalpages= new Page( ).getTotalPages(new Page( ).getCount("file", "where department=
                '"+department+"'"), 5);
            }
            int currentpage=new Page( ).getcurrentpage(page, 5, "file");
            request.setAttribute("totalpages", totalpages);
            request.setAttribute("curpage", currentpage);
            if(able.equals("0")){
                request.setAttribute("filelist", new FileBizImpl( ).pagingFile(currentpage, 5,""));
            }else{
                request.setAttribute("filelist", new FileBizImpl( ).pagingFile(currentpage, 5," where
                department='"+department+"'"));
            }
            request.getRequestDispatcher("./file_list.jsp").forward(request, response);
        }
        else if(action.equals("deletefile")){
            int id=Integer.parseInt(request.getParameter("id"));
            int deletefile=new FileBizImpl( ).deleteFile(id);
            if(deletefile>0){
                request.getRequestDispatcher("FileServlet?action=filelist").forward(request, response);
            }
        }
        else if(action.equals("uploadfile")){// 下载文件
            int fileid=Integer.parseInt(request.getParameter("id"));
            File file=new FileBizImpl( ).findOneFile(fileid);
            String filename=file.getFilename( );
            SmartUpload uploadfile = new SmartUpload( );
            uploadfile.initialize(this.getServletConfig( ), request, response);
            // 设定 ContentDisposition 为 null 以禁止浏览器自动打开文件
            uploadfile.setContentDisposition(null);
            String fileName="/fileupload/"+filename;    // 文件名（带路径）
            System.out.println(fileName);
            try{
                uploadfile.setCharset("gb2312");
                uploadfile.downloadFile(fileName);  // 下载文件
            }catch(Exception e){
                e.printStackTrace( );
            }
            response.getOutputStream( ).close( );
        }else if(action.equals("add")){
            request.getRequestDispatcher("./file_add.jsp").forward(request, response);
        }
    }
}
```

（3）视图（V）实现

下面来看同文件管理模块相关的页面及相关代码实现。

1）添加文件。关键代码如清单 10-32 所示，添加文件页面如图 10-15 所示。

清单 10-32　file_add.jsp 关键代码

```html
<form id="form1" name="form3" method="post" action="../file/FileServlet?action=upload" enctype="multipart/form-data" onsubmit="return check11()">
        <table class="form">
            <tr>
                <td class="field">选择文件</td>
                <td><input type="file" name="file"/></td>
            </tr>
            <!-- 省略部分代码 -->
            <tr>
                <td></td>
                <td><label class="ui-blue"><input type="submit" name="submit" value=" 添加 "/></label></td>
            </tr>
        </table>
</form>
```

2）维护文件。关键代码如清单 10-33 所示，维护文件页面如图 10-16 所示。

清单 10-33　file_list.jsp 关键代码

```html
<table class="list">
    <tr>
        <th> 文件名 </th>
        <th> 类型 </th>
        <th> 入库时间 </th>
        <th> 录入部门 </th>
        <th> 操作 </th>
    </tr>
<c:forEach items="${filelist}" var="file">
    <tr>
        <td class="c">${file.filename}</td>
        <td class="c">${file.fileext}</td>
        <td class="c">${file.inputtime}</td>
        <td class="c">${file.department}</td>
        <td class="w1 c"><a href="./FileServlet?action=deletefile&id=${file.fileid }" onclick='return confirm(" 确定要删除吗？ ")'> 删除 </a>  <a href="./FileServlet?action=uploadfile&id=${file.fileid }" onclick='return confirm(" 确定要下载吗？ ")'> 下载 </a></td>
```

```
            </tr>
        </c:forEach>
            </table>
<div class="pager">
        <ul class="clearfix">
        <c:forEach var="i" begin="1" end="${totalpages}" step="1">
            <li><a href="./FileServlet?action=filelist&page=${i}">${i}</a></li>
        </c:forEach>
        </ul>
</div>
```

5. 使用 MVC 模式实现勤工俭学管理实训

实训要点：在应用程序中使用 MVC 模式；使用 Servlet 开发应用程序。

需求说明：勤工俭学模块具有添加勤工俭学信息和维护勤工俭学信息（删除、更新）的功能，页面显示效果如图 10-17～图 10-19 所示。

图 10-17　添加勤工俭学页面

图 10-18 维护勤工俭学页面

图 10-19 修改页面

实现思路：

1）开发模型：创建 VO 类，创建 DAO 接口及实现类，创建业务逻辑接口及实现类。

2）开发控制器：创建 Servlet 作为控制器，调用模型，使用 HttpSession 存放查询结果，转向指定的视图。

3）开发视图：页面如图 10-17 ～图 10-19 所示，使用 EL 和 JSTL 显示信息。

6. 使用 MVC 模式实现特色活动管理实训

实训要点：在应用程序中使用 MVC 模式；使用 Servlet 开发应用程序。

需求说明：特色活动管理模块具有添加活动信息和维护活动信息（删除、更新）的功能，页面显示效果如图 10-20 ～图 10-22 所示。

图 10-20 添加活动页面

图 10-21 维护活动页面

图 10-22 修改活动页面

实现思路：

1）开发模型：创建 VO 类，创建 DAO 接口及实现类，创建业务逻辑接口及实现类。

2）开发控制器：创建 Servlet 作为控制器，调用模型，使用 HttpSession 存放查询结果，转向指定的视图。

3）开发视图：页面如图 10-20～图 10-22 所示，使用 EL 和 JSTL 显示信息。

7. **使用 MVC 模式实现荣誉管理实训**

实训要点：在应用程序中使用 MVC 模式；使用 Servlet 开发应用程序。

需求说明：荣誉管理模块具有添加荣誉和维护荣誉（删除）的功能，页面显示效果如图 10-23 和图 10-24 所示。

图 10-23 添加荣誉页面

图 10-24　维护荣誉页面

实现思路：

1）开发模型：创建 VO 类，创建 DAO 接口及实现类，创建业务逻辑接口及实现类。

2）开发控制器：创建 Servlet 作为控制器，调用模型，使用 HttpSession 存放查询结果，转向指定的视图。

3）开发视图：页面如图 10-23 和图 10-24 所示，使用 EL 和 JSTL 显示信息。

四、网站前台信息展示实现

网站前台具有信息展示功能，学生用户通过网站前台能浏览网站后台发布的新闻、公告、荣誉、特色活动和勤工俭学信息，并可以下载文件。学生会网站首页如图 10-25 所示。

图 10-25　学生会网站首页

单击首页中的导航项能进入各分支页。以"新闻中心"为例，其分支页如图10-26所示，在分支页中单击新闻标题能够进入相应的新闻详细页，如图10-27所示。

图10-26　新闻中心分支页

图10-27　新闻详细页

下面以网站首页、新闻中心分支页和新闻详细页为例讲解具体代码实现。

1. 网站首页实现

模型（M）部分在网站管理各功能模块的模型部分已实现，下面详细展示显示首页的控制器——HomeServlet的实现。在URL中通过/Home的方式访问HomeServlet.java。详见清单10-34。

清单 10-34　HomeServlet.java 代码

```java
package home.servlet;
import java.io.IOException;
import javax.servlet.ServletException;
import javax.servlet.http.*;
import biz.impl.*;
public class HomeServlet extends HttpServlet {
    public void doGet(HttpServletRequest request, HttpServletResponse response)
    throws ServletException, IOException {
        doPost(request, response);
    }
    public void doPost(HttpServletRequest request, HttpServletResponse response)
    throws ServletException, IOException {
        request.setCharacterEncoding("utf-8");
        request.setAttribute("news",new NewsBizImpl( ).Showlastnews(9));     // 首页显示 10 条新闻记录
        request.setAttribute("honor",new HonorBizImpl( ).showHonor(11));     // 首页显示 10 条荣誉记录
        request.setAttribute("activity",new ActivityBizImpl( ).showActivity(11));   // 首页显示 10 条特
                                                                                   // 色活动信息
        request.setAttribute("workstudy",new WorkstudyBizImpl( ).showWork(11));// 首页显示 10
                                                                                   // 条勤工俭学信息
        request.setAttribute("notice",new NoticeBizImpl( ).showlastNotice(11));  // 首页显示 10 条公告信息
        request.setAttribute("newsimage",new NewsBizImpl( ).findNewPic(5));    // 显示图片信息
        request.getRequestDispatcher("/index.jsp").forward(request, response);
    }
}
```

学生会网站首页（见图 10-25）页面的关键代码实现如清单 10-35 所示。

清单 10-35　index.jsp 关键代码

```jsp
<!-- 导航菜单 -->
<div class="mainmenu">
    <a href="Home" class="aero"><span> 网站首页 </span></a>
    <a href="branch/BranchServlet?action=news" class="aero"><span> 新闻中心 </span></a>
    <a href="branch/BranchServlet?action=upload" class="aero"><span> 下载专区 </span></a>
    <a href="branch/BranchServlet?action=activity" class="aero"><span> 特色活动 </span></a>
    <a href="branch/BranchServlet?action=workstudy" class="aero"><span> 勤工俭学 </span></a>
    <a href="branch/BranchServlet?action=honor" class="aero"><span> 荣誉奖励 </span></a>
    <a href="http://www.wjxvtc.cn/" class="aero"><span> 学院网站 </span></a>
</div>
<!-- 公告版块 -->
<div class="right r bor notice">
<h3><span> 通知公告 </span></h3>
<ul>
    <c:forEach items="${notice}" var="notice">
<li><a href="./show/ShowServlet?action=notice&id=${notice.id}" target="_blank">${notice.title}
</a></li>
</c:forEach>
</ul>
</div>
```

```html
<!-- 新闻版块 -->
<div class="news r bor">
<h2> 厚德载物、积健为雄 </h2>
    <c:forEach items="${news}" var="news">
<ul>
<li><img src="images/point.gif">  <a href="./show/ShowServlet?action=newsaction&id
        =${news.id}" target="_blank">${news.title}</a></li>
</ul>
</c:forEach>
</div>
<!-- 图片版块 -->
<div class="l photo">
    <div id="ibanner">
            <div id="ibanner_pic">
            <c:forEach items="${newsimage}" var="news">
                <a href="./show/ShowServlet?action=newsaction&id=${news.id}" target="_blank"><img
                    src="newsupload/${news.picname}" alt ="${news.title}" width="275px" height=
                    "218px"/></a>
            </c:forEach>
            </div>
    </div>
</div>
<!-- 勤工俭学版块 -->
<div class="right r bor martop right2" title="">
<h3><a href="./branch/BranchServlet?action=workstudy" target="_blank" class="more"> 更多
 &gt;</a><span> 勤工俭学 </span></h3>
<ul>
<c:forEach items="${workstudy}" var="workstudy">
<li><a href="./show/ShowServlet?action=workaction&id=${workstudy.id}" target=
        "_blank">${workstudy.title}</a></li>
</c:forEach>
</ul>
</div>
<!-- 荣誉、活动版块 -->
<div class="newshot bor martop l">
<div>
<dl>
<dt><a href="./branch/BranchServlet?action=honor" target="_blank" class="more"> 更多
 &gt;</a><strong><b> 荣誉奖励 </b></strong></dt>
<c:forEach items="${honor}" var="honor">
<dd><img src="images/c3.gif">  <a href="./show/ShowServlet?action=
        honoraction&id=${honor.id}" target="_blank">${honor.title}</a></dd>
</c:forEach>
</dl>
<dl>
<dt><a href="./branch/BranchServlet?action=activity" target="_blank" class="more"> 更多
 &gt;</a><strong><b> 特色活动 </b></strong></dt>
<c:forEach items="${activity}" var="activity">
```

```
<dd><img src="images/c3.gif">  <a href="./show/ShowServlet?action=
     activityaction&id=${activity.id}" target="_blank">${activity.title}</a></dd>
</c:forEach>
</dl>
</div></div>
```

2. 分支页实现

网站分支页通过控制器 BranchServlet 接收客户端请求，调用模型获得并存储数据，转向分支页显示数据列表。在 URL 中通过 /branch/BranchServlet 访问控制器 BranchServlet。详见清单 10-36。

清单 10-36　BranchServlet.java 代码

```java
package servlet.branch;
import java.io.*;
import javax.servlet.ServletException;
import javax.servlet.http.*;
import biz.impl.*;
import util.Page;
public class BranchServlet extends HttpServlet {
    public void doGet(HttpServletRequest request, HttpServletResponse response) throws
    ServletException, IOException {
        doPost(request, response);
    }
    public void doPost(HttpServletRequest request, HttpServletResponse response) throws
    ServletException, IOException {
        request.setCharacterEncoding("utf-8");
        String action=request.getParameter("action");
        if(action.equals("news")){ // 显示新闻
            String page=request.getParameter("page");
            // 每页显示 5 条记录的总页数
            int totalpages = new Page( ).getTotalPages(new Page( ).getCount("news", ""), 8);
            int currentpage = new Page( ).getcurrentpage(page, 8, "news");
            request.setAttribute("totalpage", totalpages);
            request.setAttribute("curpage", currentpage);
            request.setAttribute("newslist",new NewsBizImpl( ).pageing(currentpage, 8));
            request.setAttribute("notice",new NoticeBizImpl( ).showlastNotice(7));
            request.getRequestDispatcher("../branch/news.jsp").forward(request, response);
        }else if(action.equals("upload")){ // 资源下载
            String page=request.getParameter("page");
            int totalpages=new Page( ).getTotalPages(new Page( ).getCount("file", ""), 8);
            int currentpage=new Page( ).getcurrentpage(page, 8, "file");
            request.setAttribute("totalpages", totalpages);
            request.setAttribute("curpage", currentpage);
            request.setAttribute("filelist", new FileBizImpl( ).pagingFiles(currentpage, 8));
            request.setAttribute("notice",new NoticeBizImpl( ).showlastNotice(7));
            request.getRequestDispatcher("../branch/upload.jsp").forward(request, response);
        }else if(action.equals("activity")){ // 特色活动
            String page = request.getParameter("page");
            // 每页显示 5 条记录的总页数
            int totalpage = new Page( ).getTotalPages(new Page( ).getCount("activity", ""), 8);
```

```java
            int currentpage = new Page( ).getcurrentpage(page, 8, "activity");
            request.setAttribute("totalpage", totalpage);
            request.setAttribute("curpage", currentpage);
            request.setAttribute("activitylist",new ActivityBizImpl( ).pagingActivitys(currentpage, 8));
            request.setAttribute("notice",new NoticeBizImpl( ).showlastNotice(7));
            request.setAttribute("activity",new ActivityBizImpl( ).showActivity( ));
            request.getRequestDispatcher("../branch/activity.jsp").forward(request, response);
        }else if(action.equals("workstudy")){// 勤工俭学
            String page=request.getParameter("page");
            int totalpage=new Page( ).getTotalPages(new Page( ).getCount("workstudy", ""), 8);
            int currentpage=new Page( ).getcurrentpage(page, 8, "workstudy");
            request.setAttribute("totalpage", totalpage);
            request.setAttribute("curpage", currentpage);
            request.setAttribute("workstudylist",new WorkstudyBizImpl( ).PagingWork(currentpage, 8));
            request.setAttribute("work",new WorkstudyBizImpl( ).WorkShow( ));
            request.setAttribute("notice",new NoticeBizImpl( ).showlastNotice(7));
            request.getRequestDispatcher("../branch/workstudy.jsp").forward(request, response);
        }else if(action.equals("honor")){// 荣誉奖励
            String page = request.getParameter("page");
            // 每页显示 5 条记录的总页数
            int totalpages = new Page( ).getTotalPages(new Page( ).getCount("honor", ""), 8);
            int currentpage = new Page( ).getcurrentpage(page, 8, "honor");
            request.setAttribute("totalepage",totalpages);
            request.setAttribute("currentpage",currentpage);
            request.setAttribute("honorlist", new HonorBizImpl( ).pagings(currentpage, 8));
            request.setAttribute("notice",new NoticeBizImpl( ).showlastNotice(7));
            request.setAttribute("honor", new HonorBizImpl( ).findHonorShow( ));
            request.getRequestDispatcher("../branch/honor.jsp").forward(request, response);
        }
    }
}
```

新闻分支页面（见图 10-26）的关键代码实现如清单 10-37 所示。

清单 10-37　news.jsp 关键代码

```html
<div class="container_top">
        <strong>| 新闻动态 |</strong>
        <ul>
            <c:forEach items="${newslist}" var="news">
                <li>
                    <img src="../images/hh.gif">
                       
                    <span>${news.inputtime}</span><a href="../show/ShowServlet?action=newsaction&id=${news.id}">${news.title}</a>
                </li>
            </c:forEach>
        </ul>
</div>
```

该网站其他分支页的实现方法与新闻分支页类似，这里不一一罗列了。

3. 详细页实现

网站详细页通过控制器 ShowServlet 接收客户端请求，调用模型获得并存储数据，转向详细页显示详细数据。在 URL 中通过 /show/ShowServlet 访问控制器 ShowServlet。详见清单 10-38。

清单 10-38　ShowServlet.java 代码

```java
package servlet.branch;
import java.io.*;
import javax.servlet.ServletException;
import javax.servlet.http.*;
import com.jspsmart.upload.SmartUpload;
import entity.File;
import biz.impl.*;
public class ShowServlet extends HttpServlet {
    public void doGet(HttpServletRequest request, HttpServletResponse response)
            throws ServletException, IOException {
        doPost(request, response);
    }
    public void doPost(HttpServletRequest request, HttpServletResponse response)
            throws ServletException, IOException {
        request.setCharacterEncoding("utf-8");
        String action=request.getParameter("action");
        if(action.equals("newsaction")){// 具体显示新闻信息
            int sid=Integer.parseInt(request.getParameter("id")); // 获得 id
            request.setAttribute("news",new NewsBizImpl( ).finaNewsList(sid));
            request.getRequestDispatcher("../branch/newsshow.jsp").forward(request, response);
        }else if(action.equals("activityaction")){// 具体显示特色活动
            int sid=Integer.parseInt(request.getParameter("id"));
            request.setAttribute("activity",new ActivityBizImpl( ).findActivityList(sid));
            request.getRequestDispatcher("../branch/activityshow.jsp").forward(request, response);
        }else if(action.equals("uploadaction")){// 具体显示下载
            int sid=Integer.parseInt(request.getParameter("id"));
            request.setAttribute("upload",new FileBizImpl( ).findOneFile(sid));
            request.getRequestDispatcher("../branch/uploadshow.jsp").forward(request, response);
        }else if(action.equals("honoraction")){// 具体显示荣誉
            int sid=Integer.parseInt(request.getParameter("id"));
            request.setAttribute("honor",new HonorBizImpl( ).findHonoe(sid));
            request.getRequestDispatcher("../branch/honorshow.jsp").forward(request, response);
        }else if(action.equals("workaction")){
            int sid=Integer.parseInt(request.getParameter("id"));
```

```java
            request.setAttribute("work",new WorkstudyBizImpl( ).findWorkstudy(sid));
            request.getRequestDispatcher("../branch/workstudyshow.jsp").forward(request, response);
        }else if(action.equals("upload")){
            int sid=Integer.parseInt(request.getParameter("id"));
            File file2=new FileBizImpl( ).findOneFile(sid);
            SmartUpload fileupload = new SmartUpload( );
            fileupload.initialize(this.getServletConfig( ), request, response);
            fileupload.setContentDisposition(null);
            String images="./fileupload/"+file2.getFilename( );  // 文件名（带路径）
             try{
                    fileupload.setCharset("gb2312");
                    fileupload.downloadFile(images);   // 下载文件
                }catch(Exception e){
                        e.printStackTrace( );
                    }
            response.getOutputStream( ).close( );
        }else if(action.equals("notice")){
            int sid=Integer.parseInt(request.getParameter("id"));
            request.setAttribute("notice",new NoticeBizImpl( ).findNotice(sid));
            request.getRequestDispatcher("../branch/noticeshow.jsp").forward(request, response);
        }
    }
}
```

新闻详细页面（见图 10-27）的关键代码实现如清单 10-39 所示。

清单 10-39　newsshow.jsp 关键代码

```html
<div class="container_top">
        <strong>${news.title }</strong>
    </div>
    <div class="container_above">
        <div class="xix">
            发布部门：
            <em>${news.department }</em>    发布日期：
            <em>${news.inputtime }</em>
        </div>
    </div>
    <div class="container_middle">
            ${news.contents }
```

```
            <p>
                <c:set var="picshow" value="${fn:contains(news.picname,'no')}" />
                <c:if test="${picshow==true}"></c:if>
                <c:if test="${picshow!=true}">
                    <img src="../newsupload/${news.picname}" width="400px"></img>
                </c:if>
            </p>
        </div>
```

该网站其他详细页的实现方法与新闻详细页类似,这里不一一罗列了。

五、代码测试与发布

1. 测试用例

开发人员要对自己编写的代码负责:不仅要保证代码能通过编译、正常地运行,而且要满足需求和预期设计的效果。单元测试正是验证代码是否满足预期的有效手段之一。JUnit是一个Java语言的单元测试框架,它非常小巧,功能却非常强大,而且源代码开放。JUnit大大降低了开发人员执行单元测试的难度。

以公告管理测试为例进行单元测试,具体步骤如下。

1)右击 NoticeDaoImpl.java,选择新建 JUnit Test Case 命令,在项目 Libraries 中加入包 JUnit,选择要测试的方法。

2)在得到的 NoticeDaoImplTest.java 文件中加入相应的测试代码。

3)运行测试代码,如果使用数据、操作流程及返回的结果都没有出错,则代表 JUnit 单元测试已完成;如果有问题,则修改代码,直到全部符合预期结果为止。

2. 代码发布

在 Web 上发布项目的步骤如下。

1)打开 MyEclipse 导入本项目(union)。
2)还原数据库。
3)配置 Tomcat 服务器。
4)部署项目。
5)启动 Tomcat 服务器。
6)运行项目,在浏览器地址栏中输入 http://localhost:8080/union/Home。

使用 EL 和 JSTL 实现学生会网站前台其余分支页及详细页,页面效果如图 10-28 ~ 图 10-33 所示。

图 10-28 下载专区分支页

图 10-29 特色活动分支页

模块10 学生会网站项目开发

图 10-30 特色活动详细页

图 10-31 勤工俭学分支页

图 10-32 荣誉奖励分支页

图 10-33 荣誉奖励详细页

参 考 文 献

[1] 金静梅. Java Web 开发技术任务驱动式教程 [M]. 北京：中国水利水电出版社，2020.

[2] 北京阿博泰克北大青鸟信息技术有限公司. 使用 JSP 开发 Web 应用系统 [M]. 北京: 科学技术文献出版社，2008.

[3] 北京阿博泰克北大青鸟信息技术有限公司职业教育研究院. ACCP 软件开发程序员：使用 JSP/Servlet/Ajax 技术开发新闻发布系统 [M]. 北京：科学技术文献出版社，2011.

[4] 吴鹏. 动态网页设计：JSP [M]. 北京：高等教育出版社，2011.

[5] 范芸，范慧霞. JSP 动态网站开发基础与上机指导 [M]. 北京：清华大学出版社，2010.

[6] 蒋卫祥，鲁来凤. JSP 程序设计 [M]. 上海：东华大学出版社，2013.

[7] 邱加永，卞志城. JSP 基础与案例开发详解 [M]. 北京：清华大学出版社，2009.

[8] 金静梅. 数据可视化入门、进阶与实战 [M]. 北京：北京理工大学出版社．2023.

[9] 张银鹤，刘治国，张豪. JSP 动态网站开发实践教程 [M]. 2 版. 北京：清华大学出版社，2009.

[10] 王小宁，张广彬，尚新生. JSP 课程设计案例精编 [M]. 2 版. 北京：清华大学出版社，2011.

[11] 福塔. MySQL 必知必会 [M]. 刘晓霞，钟鸣，译. 北京：人民邮电出版社，2009.

[12] 郑阿奇. MySQL 实用教程 [M]. 北京：电子工业出版社，2012.

[13] 肖睿，喻晓路. Java Web 应用设计及实战 [M]. 北京：人民邮电出版社，2018.